高山植物の自然史

【お花畑の生態学】

工藤 岳 編著

北海道大学図書刊行会

扉表：ケニア山の主峰，バティアン峰（標高5199m）とモレーン（氷河によって運ばれた堆積物の小山）上に生育する大型ロゼット植物のジャイアントセネシオ *Senecio keniodendron*（水野一晴撮影）。これらの半木性大型ロゼット植物は熱帯高山特有の植物で，熱帯高山の毎日の激しい気温変化に適応しながら生育している。

扉裏：東シベリアのステップ斜面に生えるマオウ科植物 *Ephedra monosperma*（高橋英樹撮影）。シダ植物のトクサを思わせる奇妙な裸子植物で，ネパール・ヒマラヤの高山乾生ステップにも数種が生育する。

パラムシル島セベロクリルスク南方の台地上(標高300 m)のお花畑(沖津進撮影)。エゾツツジ・バイケイソウ・チシマキンバイなどが開花している。大雪山のものと比べると花の量が多く,全般に色が深い。

山形県月山南斜面の姥沢,標高約1400 mのヨツバシオガマの群落(藤井紀行撮影)。夏遅くまで残雪のある沢ぞいには,北方型のヨツバシオガマしか見られない。南方型のヨツバシオガマは,標高約1700 m以上まで登らないと見られない。バックに見える黄色い花はニッコウキスゲ。

大雪山沼ノ原周辺(標高1400 m)の上部針広混交林のようす(工藤岳撮影)。ダケカンバとアカエゾマツが混生している。標高が増すとダケカンバの純林に移りかわり(手前左側)，そのさらに上部は高山帯となる。標高1520 mの高山帯より撮影。後方は，ニペソツ山。

東シベリア・オイミヤコン地方のインディギルカ川源流付近の森林限界(梶本卓也撮影)。手前にはカラマツの疎林が広がり，ハイマツは奥の山腹斜面にパッチ状に分布している。標高約1000 m地点より撮影。

まえがき

　高山環境は，人間の生活圏から遠く隔離された自然である．まず森がない．そのため，風雨や強い陽射しに直接さらされる．1年の大半は氷雪に閉ざされている．その一部は雪渓となって夏まで残り，場所によっては万年雪となることもある．そして，短い夏のあいだにいっせいに高山植物が咲き乱れる〝お花畑〟が現われる．この本では，そんな非日常的な生態系である高山環境と高山植物について，その生い立ちや生きざまにいたるまで，いろいろな視点から紹介する．

　山に登ると徐々に気温が下がっていく．高い山ほど春の雪どけが遅く，秋の紅葉が早いのはそのためである．四季のはっきりした温帯では，植物の生育が中断される冬が存在するが，標高増加にともなった気温の低下は，植物の生育シーズンをだんだん短くしていく．この〝生育期間の制約〟は植物の成長を妨げ，冬の厳しい季候条件と相まって，高山環境への樹木の侵入を困難にしている．森林限界を超えると，突然，背の低い低木や草本植物たちが主役となる高山生態系が現われる．森林生態系と高山生態系の境界は一般にひじょうにはっきりしており，これは2つの生態系で生育環境が大きく違っていることを反映している．この標高にそった植生変化と似たパターンは，中緯度から高緯度にかけての地理的スケールでも見られる．森林帯から寒帯（ツンドラ）への植生変化である．高緯度ツンドラ生態系と高山生態系は似通った生育形態をもった植物で構成されており，多くの共通種を含んでいる．これは，過去の気候変動によって，ツンドラ生態系の一部が高山地域に取り残されたものであることを示している．しかし，高山生態系は単なるツンドラ生態系の断片ではなく，高山特有の自然環境のなかで新たな進化の道筋をたどっている．この自然の実験系で起こっていることのごく一部を，この本では取りあげている．

　高山植物の自然史を紹介するにあたって，限られたスペースで，できる限り広範なトピックスを盛り込みたいと思った．この本のタイトルには〝高山

植物"を看板にあげているが，高山植物の歴史性や環境の類似性を考えると，極地ツンドラ植物の存在は無視できない。そのため，ツンドラ生態系での研究も含めることとした。この本は4つの視点から構成されている。第I部は，日本の高山植物の生い立ちを地域間の比較により考えていこうという生物地理学的なアプローチである。第II部は，高山帯を形づくっているさまざまな環境要因と高山植生との対応についてのトピックスを取りあげる。第III部では，高山植物はどのように子孫を残しているのかという繁殖生態学の視点から，開花・結実，実生の定着，そして栄養繁殖についての研究を紹介する。そして第IV部では，環境の変化に対する高山植物の反応について，種内変異，近縁種間の比較，そして環境操作実験による研究アプローチを取りあげた。

　これまでわが国の高山生態系についての研究は，主にフロラ(植物相)の記載的な分野に限られており，高山植物の生活史特性や生態系機能についての研究はほとんど行なわれてこなかった。これは1つには，高山生態系が面積的にも微少であり，我々の生活圏から隔離されたなじみの薄い生態系であったためだと思う。しかし近年，登山人口が増え，信じられないほど多くの人々が高山生態系を訪れるようになった。これら人為的影響について，早急に生態学的根拠にもとづいた対応が必要となりつつある。また，急速な進行が危惧されている地球温暖化によって，寒冷環境下に成立しているツンドラ生態系や高山生態系は，まっ先に影響をうけると考えられている。温暖化の影響予測やモニタリングの対象として，高山生態系は世界的にも注目されてきている。そしてなによりも，氷河期の落とし子である高山生態系の実体について，我々はもっと多くのことを学べるはずである。この本のすべての執筆者は，高山(ツンドラ)植物や高山(ツンドラ)生態系のおもしろさ，不思議さ，ユニークさに魅せられて研究を行なってきた。この本をとおして，高山植物についての興味を少しでも共有できればと願っている。

　　　2000年3月30日

執筆者を代表して

工藤　岳

目　次

まえがき　v

第Ⅰ部　高山植物の起源

第1章　高山植物のたどった道：系統地理学への招待
（金沢大学・植田邦彦，東京都立大学・藤井紀行）　3

1. ヨツバシオガマのこれまでの分類　4
2. 系統を解析する　7
3. ヨツバシオガマのきた道　12
4. 北方系と南方系とでは外部形態も違っていた！　15
5. 本州中北部以南がレフュジアになっていたのではないか？　18

第2章　極地植物と高山植物の類縁関係：ユーラシア東部と北米を中心にして（北海道大学・高橋英樹）　21

1. 分類群構成　21
   5つの極地‐高山植物相における種子植物の科構成／5つの極地‐高山植物相における種子植物の属構成／日本の高山植物相の特徴／さらに極荒原へ
2. 種の地理分布パターンと移動ルート　31
3. 極地‐高山環境への適応形態　34

第3章　ハイマツ帯の生態地理（千葉大学・沖津　進）　37

1. 大雪山におけるハイマツ帯の植物群落とハイマツ帯の成立機構　37
2. ユーラシア大陸北東部の気候地域区分と優占群落の変化　39
3. 大雪山と千島列島での風衝矮生低木群落の種類組成比較　43

4．ハイマツ帯の生態地理　　48

第II部　高山環境と植物の分布

第4章　森林限界のなりたち（東邦大学・丸田恵美子）　53

　1．森林限界　　53
　2．森林限界移行帯　　54
　3．日本の森林限界　　54
　4．富士山の森林限界　　55
　5．乗鞍岳の森林限界　　60
　　　乾燥枯死／強光による損傷
　6．気候変化と森林限界　　66

第5章　高山植物群落と立地環境（北海道大学・渡辺悌二）　67

　1．環境要因　　67
　　　積雪環境要因／地質・地形環境要因／温度・水分環境要因
　2．複数の環境要因の組み合せの結果としての植生分布パターン　　76
　3．温暖化による立地環境の変化　　78

第6章　ハイマツ群落の成立と立地環境
　　　　　　　　　　　　　　　（森林総合研究所・梶本卓也）　84

　1．高木にならないマツ　　84
　2．夏の生育環境　　87
　　　分布と気候／成長と夏季の気温，水分条件
　3．冬の生育環境　　90
　　　土壌の凍結，融解／季節的凍土と春先の水分条件
　4．更新過程と制限要因　　94
　　　貯食による種子散布／実生の定着，生存と水分条件
　5．ハイマツ群落の成立を支える立地環境　　97

第7章　熱帯高山の植生分布を規定する環境要因
　　　　　　　　　　　　　　　　　　（京都大学・水野一晴）　99

　1．氷河の後退と高山植物の遷移：ケニア山　100
　2．気温の日変化と激しさが植物に与える影響：ケニア山　108
　3．熱帯高山における高山植物の分布の上限に影響を与える環境要因：
　　アンデス山系　112

第Ⅲ部　高山植物の生活史特性

第8章　高山植物の開花フェノロジーと結実成功
　　　　　　　　　　　　　　　　　　（北海道大学・工藤　岳）　117

　1．お花畑の花暦　117
　2．雪どけ時期の違いが多様な開花パターンをつくりだす　119
　3．開花時期の違いは繁殖成功にどう影響するのか？　124
　　開花・結実特性の種間比較／開花時期と結実成功の種内変異／訪花昆虫をめぐる種間競争

第9章　高山植物の発芽と定着（静岡大学・木部　剛）　131

　1．散布された種子はどんな場所に運ばれるのか　131
　　種子の形態と土壌の性質によって種子の行き場所が決まる／埋土種子と種子の寿命
　2．発芽してもすぐに死んでしまう種子たち　134
　　発芽直後が生死の分かれ目／種子サイズや発芽時の土壌深度と定着可能性
　3．発芽のタイミングと実生の生き残り条件　136
　　冬の積雪が発芽のために重要な役割を果している／生き残るためにはいつ発芽するのがベストか／意外な夏の高温乾燥条件の存在
　4．実生の定着にとって好適な場所とは　143

x 目次

第10章　ツンドラ植物の種子繁殖と栄養繁殖
　　　　　　　　　　　　　　　　（日本医科大学・西谷里美）　145

　1．それでも種子をつくる　145
　　　一年草／北欧のイヌナズナ属
　2．やっぱり栄養繁殖？　151
　　　花序につくられる"むかご"／標高にともなう繁殖様式の変化
　3．繁殖の準備をする　156

第IV部　環境変異と高山植物の適応反応

第11章　北極域植物の生育型変異と生育環境
　　　　　　　　　　　　　　　　（九州大学・久米　篤）　163

　1．北極域の環境　163
　2．ツンドラでのサバイバル　164
　3．氷河後退域のパイオニア植物，ムラサキユキノシタ　165
　4．形態とストレス耐性の関係　167
　5．生育型と繁殖特性の関係　170
　6．生育型と遷移との関係　173
　7．北極域の植物にとっての生育型変異の意義　174

第12章　南アルプス高山帯におけるイワカガミ属2種のすみわけ現象
　　　　　　　　　　　（東京都高尾自然科学博物館・森広信子）　176

　1．すみわけ現象　176
　2．手がかり　179
　3．個体群統計　181
　4．ほかの地域で　186
　5．イワカガミにおけるすみわけとは　187

第 13 章　環境操作に対する高山植物の反応：大雪山での温室実験
　　　　　　　　　　（財団法人環境科学技術研究所・鈴木静男）　　189

1. 開放型温室と観察した植物　　191
2. フェノロジーへの影響　　192
3. 個葉特性への影響　　194
4. 成長と繁殖への影響　　196
5. 環境変化への予想　　201

引用・参考文献　　203
索引　　215

第 I 部

高山植物の起源

高山フロラ(植物相)は，歴史的にみてもっとも最近になって形成された植物群と考えられている。現在の高山植物を進化させた原動力は，第四紀の氷期・間氷期の気候変動の繰りかえしである。北方起源の植物が氷期に南下し，間氷期に北上あるいは高地に隔離されるという何度かの大移動をへて，現在の高山植物の分布ができあがってきた。しかし気候変動に対してすべての種が同様に反応するわけではないので，移動のたびに群集組成は変化していたであろう。また移動にともなう地理的・遺伝的な隔離により地域集団間に遺伝的組成の変化が生じたり，ときには新たな種分化が引き起こされてきたと考えられる。過去に起こったこれらの変化を正確にたどっていくのはたやすいことではない。現在のところ考えられる唯一の方法は，他地域との比較研究である。とくに，日本の高山植物の起源を解き明かしていくには，多くの高山植物の起源と考えられるユーラシア大陸北東部やその周辺地域との比較が重要となる。比較のレベルとしては，地域のフロラ全体を比較していく方法，ある特定の群集タイプごとに種組成を比較していく方法，あるいは特定の種について地域個体群の遺伝的差異を比較していく方法などさまざまである。そしてそれぞれのアプローチごとに，何を明らかにしたいのかという問いかけは違っている。

　第1章では，最新のDNA解析技術を用いて，特定種の過去の移動経路を地域集団間の遺伝組成の違いから解明しようとする系統地理学的アプローチを紹介する。広い地理的分布をもっている特定種の移動経路を各集団内に蓄積された遺伝情報から推定し，種分化の原動力となる集団間の遺伝的隔離の形成機構の解明に迫る。

　第2章では，これまでしばしば混同されてきた極地植物と高山植物の関係に着目し，地域間の詳しいフロラ解析により日本の高山フロラの特徴を再評価する。さらに高山植物の移動ルートについて解説するとともに，極地と高山環境の違いや，その違いに対する植物の適応形態について語ってくれる。

　第3章では，日本の高山帯を〝ハイマツ帯〟ととらえ，そこに成立する植物群集をハイマツ群落・風衝地群落・雪田群落の3つに大別し，歴史的に関連が深い北海道大雪山と千島列島との群集組成の比較を行なった植物地理学的なアプローチを紹介する。

第1章 高山植物のたどった道 —— 系統地理学への招待

金沢大学・植田邦彦, 東京都立大学・藤井紀行

　日本列島には高山植物と呼ばれる植物がいったいどれぐらいあるのだろうか？　文献を調べてみると，およそ500種ほどが高山植物として一般的に認識されている。さて，しかし，それらはそもそも高山植物なのだろうか。「何を馬鹿な」と思われるであろうが，少し考えてみよう。日本には雪線に達している山がないので（一部の雪渓などを除いて単純に高度依存とみなせる）万年雪を戴いた山は存在しない。だからその直下に見られるはずの真にツンドラ的な，狭義の，高山帯は厳密には存在しないのである。もちろんいわゆるお花畑が高山帯のイメージであり，それはそれでいいのだが，いうまでもなく日本ではそこにはハイマツ群落が存在していることを思いうかべていただきたい。ツンドラには木本は矮小な地を這うもの以外は存在しないのだからハイマツでは大きすぎるというものだ。だから，樹木限界よりも上部に成立する草原，という定義に照らすと日本には高山植物は存在しないことになるのである。そうではなくて森林限界より上部を，ハイマツやミヤマハンノキ・ダケカンバなどの矮生灌木をも含めて高山帯とする考えにたつと日本にも高山帯が存在することになるが，前者の定義で考えるとだめなのである。このことは植物地理学的に何を意味しているのであろうか？

　日本の高山植物の多くは第四紀更新世の氷河期に日本にはいってきて，それが温暖な現世（完新世）になって，ヨーロッパの研究者には亜熱帯と位置づける者すらいる，この"暑い"日本の高山にかろうじて取り残されたものだ，と認識されている。要するに，北方系の植物の残存である。これが小泉

(1919)以来多くの研究者の共通認識であろう。日本列島で独自に高山帯に適応して分化した高山植物はあまりなく，北方では低地に生育している植物が南方の日本列島の高山帯でかろうじて生きながらえているのである。

さて，従来このようなお話を実証的に証明し，その仮説を検証することは不可能であった。実証しようがない仮定や想像にもとづくものであったからである。個々の種における起源や歴史を特定することは容易ではなく，同じような分布域をもっていたとしても，同一の起源や歴史をもっているとは限らない。にもかかわらず〇〇要素などとひとくくりにしたうえで議論を展開してきた(堀田，1974)。精度の高い実証的な議論をするためには，個々の種の歴史を詳細かつ慎重に解明する必要がある。技術的な進展から，今，ようやくその検討が可能な時代になった。

そこで我々は，ヨツバシオガマやエゾコザクラなどを対象として選び，葉緑体 DNA を分子マーカーとした解析を行ない，どのようにして日本の高山植物が成立してきたのかを実証しようと試みた。その結果をお話ししたい。

この両種を取りあげるのは次のような理由からである。この両種はアラスカあたりまで広く北太平洋地域に分布しており，さらに，形態的な変異幅が大きいために多数の変種が認識されてきていた。この2種は何かありそうだ，と思ったのである。後はそれを実証するだけである。

1. ヨツバシオガマのこれまでの分類

ヨツバシオガマ *Pedicularis chamissonis* は，ゴマノハグサ科シオガマギク属ヨツバシオガマ節に分類される多年生草本で，どちらかといえば普通の高山植物である(写真1)。北はアリューシャン列島北東端から南は本州中部山岳地帯まで北太平洋地域に帯状に分布しており(図1)，日本では亜高山帯〜高山帯の草地に生育する。これまで図1に示したように多くの種内の分類体系が提唱されており(大井，1953, 1978；北村・村田，1961；清水，1982；Yamazaki, 1993)，花冠上唇の「嘴」(と呼ばれている部分；写真2・3参照)の長さや花冠の色，花序の段数，花序の茎に生える毛，植物体の大きさなどが分類形質として用いられてきた。大井や北村・村田は日本列島・

写真 1 ヨツバシオガマ．本州中部以北のお花畑に普通に見られる高山植物である．

南千島(狭義のヨツバシオガマ var. *japonica*)と千島列島以北(エゾヨツバシオガマ var. *chamissonis*)とで2変種を認めている(図1-1)．この2変種はおもに花冠上唇の嘴の長さによって区別されている．清水はこの狭義のヨツバシオガマの概念から北海道のものだけを，花序の段数が多いこと(7〜12段)にもとづいて，キタヨツバシオガマ(var. *hokkaidoensis*)として区別した(図1-2)．Yamazakiは巨大な植物体(高さ70〜100 cm，花序の段数が20〜30段)の礼文島集団をレブンシオガマ(var. *rebunensis*)，中部山岳地帯の嘴がとくに長いものをクチバシシオガマ(var. *longirostrata*)として区別したが，キタヨツバシオガマは変種ヨツバシオガマのシノニムに落として認めなかった(図1-3)．なお，以後，ヨツバシオガマという名称に注釈がつけられていない場合は広義の意味(＝種)で用いる．

このように本種は外部形態の変異がかなりいちじるしく，その解釈も研究者によって相当に異なっている．しかし，本当の血縁関係(系統関係)はどうなのであろうか？ 従来の見解による外部形態の認識で本当に正しい分類群が認識できていたのであろうか？ そして，どのように日本列島で分化してきたのであろうか？

これら数多くの疑問を解決するには，何をさておいても正しい系統関係を

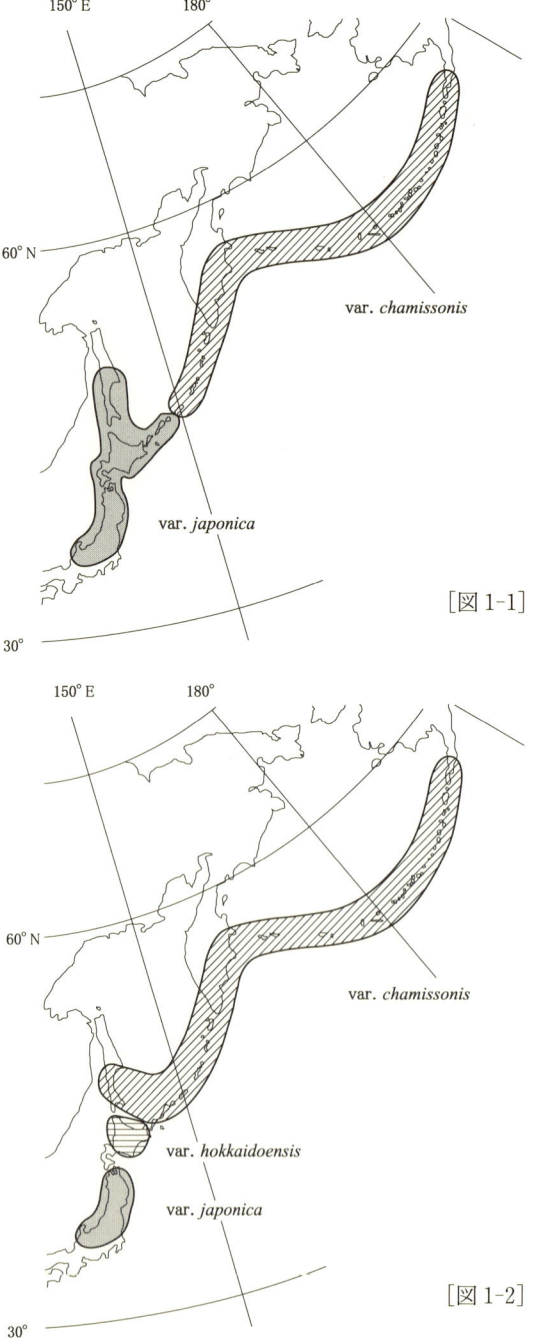

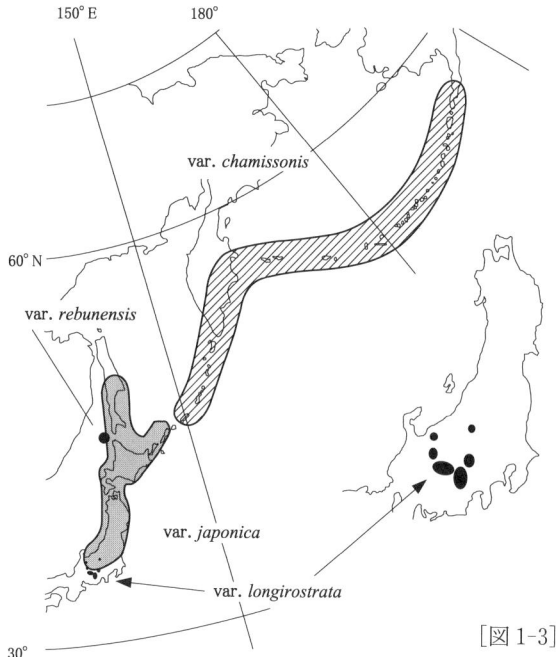

図1 ヨツバシオガマの従来の分類。2-1：国内には（狭義の）ヨツバシオガマ（var. *japonica*）だけを認める考え（大井，1978；北村・村田，1961）。2-2：北海道のもの（var. *hokkaidoensis*）を本州（var. *japonica*）から区別する考え（清水，1982）。2-3：北海道北端の礼文島のものだけをレブンシオガマ（var. *rebunensis*），本州中部の一部の山岳のものをクチバシシオガマ（var. *longirostrata*）とし，それ以外の本州・北海道のものはすべて（狭義の）ヨツバシオガマ（var. *japonica*）とする立場（Yamazaki, 1993）。

解明し，詳細に解析しなければならない。ちょうどこの研究を始めたころに，植物の種内レベルの系統関係を解析するには葉緑体DNAの遺伝子間領域の塩基配列の変異を用いるとよいことがわかり始めていた。

2. 系統を解析する

そこで，アリューシャン列島から1集団，国内から23集団，合計24集団から採集し，ヨツバシオガマの集団間の系統関係を解析することにした（図2）。系統解析に必要な外群としてはイワテシオガマ，タカネシオガマ，シオ

8　第Ⅰ部　高山植物の起源

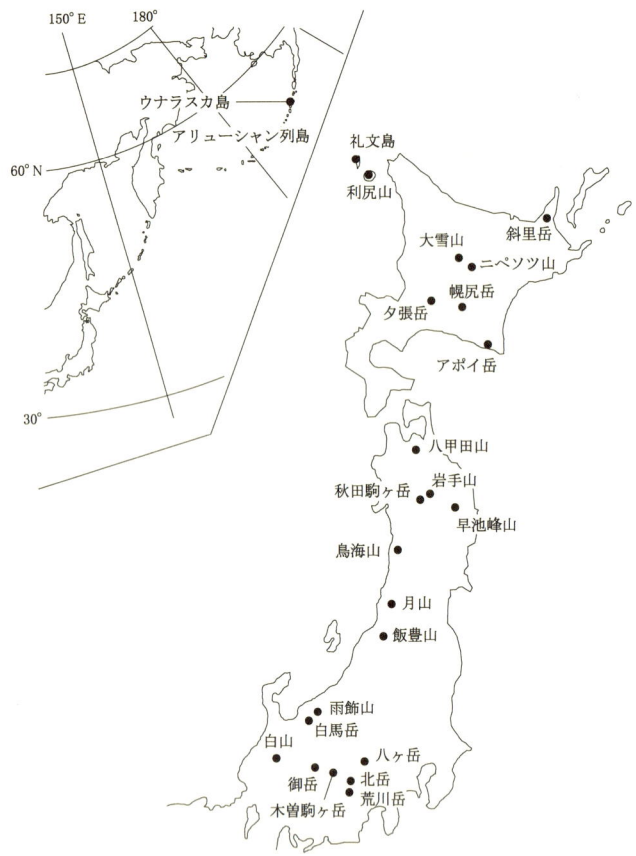

図2　研究材料の採集地点を示す。アリューシャン列島北端のウナラスカ島を含め，記載されているすべての分類群(図2参照)を研究対象とした。

ガマギク，エゾシオガマ，ネムロシオガマを用いた。解析に用いたすべての材料の証拠標本は金沢大学理学部の標本庫(KANA)に納めてある。

　効率的に葉緑体DNAの種内変異を検出するために，最初にヨツバシオガマの各集団から1個体ずつ3つの遺伝子間領域の塩基配列を決定した($trnT$ (UGU) - $trnL$ (UAA) 5'exon; $trnL$ (UAA) 3'exon - $trnF$ (GAA); $atpB$ - $rbcL$ の3領域である)。月山では外部形態から2つのタイプが認められたのでそれぞれのタイプでシークエンスを決定した。各集団内の多型を検出する

ためには，1つひとつ配列を決定するのは大変だし，とても効率が悪いので，SSCP(single-strand conformation polymorphism)法という技術を用いてすべてのサンプルを解析した。この方法はわずか1塩基置換や挿入/欠失すらも検出できて，かつ，簡便な方法である。もしシークエンスを決めた個体のSSCPバンドパターンと異なるパターンを示す個体が検出された場合は，何らかの異なる配列であることを示しているわけであるから，その個体のシークエンスをあらためて決定した(Fujii et al., 1997)。

決定した塩基配列データは解析ソフトを用いてアライメントを行なって整列させ，最終的には挿入/欠失は塩基の一致する数が増えるように考えながら配置した。葉緑体DNAのハプロタイプは塩基置換や挿入/欠失の形質をもとに認識した(図5参照)。その結果，全部で17種類の葉緑体DNAハプロタイプが認識された(図3)。多くのハプロタイプは各山系(集団)ごとに分化している結果となったが，Type Dのように北は礼文島から南は飯豊山までと広く分布するハプロタイプもあった。重要なことは同一ハプロタイプは，ランダムに点在して分布しているのではなく，つねに地理的にまとまっていたことである。

葉緑体DNAハプロタイプ間の系統解析は，最節約法(PAUP ver. 3.1.1; Swofford, 1993)，近隣結合体法(ClustalW ver. 1.7; Thompson et al., 1996)，最尤法(MOLPHY ver. 2.3β3; Adachi and Hasegawa, 1996)の3つの方法で行ない，万全を期した。最節約法で塩基置換と挿入/欠失の両方のデータを用いて解析した結果，図5に見られる系統樹が得られ，以下のことが明らかとなった。

(1) ヨツバシオガマの全集団は外群に対して100%の確率で単系統となった。すなわちヨツバシオガマは種としてのまとまりが強く保証された(図5)。
(2) ヨツバシオガマの各集団のハプロタイプは，北方系統[日本の本州中北部の飯豊山からアリューシャン列島のウナラスカ島までの集団のハプロタイプ(Type A〜I)]と，南方系統[月山から荒川岳までの本州中北部の集団のハプロタイプ(Type J〜Q)]の2つの大きなクレード*に分かれ

---

*系統樹上で任意の系統的まとまりを指す概念。系統群ともいう。

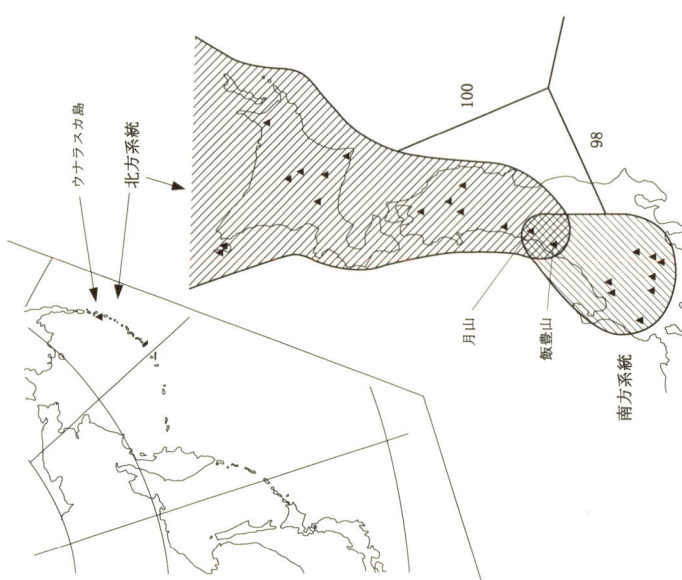

図3 解析の結果得られた葉緑体DNAの変異型(ハプロタイプ)。全部で17タイプが認識された。

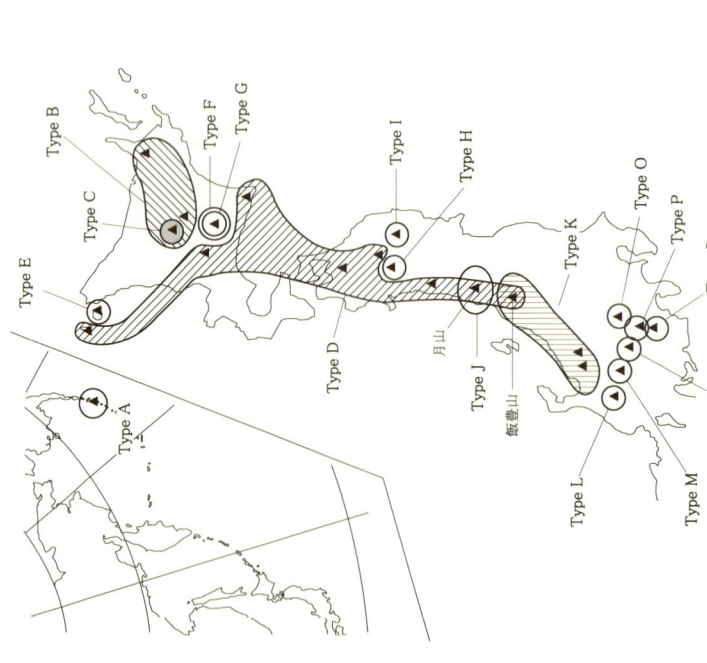

図4 17のハプロタイプのあいだの系統関係を解析した結果、2大系統が識別された。はるかウナラスカ島から飯豊山までが北方系統に、月山から中部山岳地帯が南方系統に属し、月山と飯豊山では両系統が見つかっている。

た(図4・5)。

(3)北方系統内ではサブクレードがはっきり認識できなかった(図5)。

(4)南方系統内では3つのサブクレードが高い信頼度で認められた(図5)。

　これらの結果からどんなことがわかるのだろうか？　北方系統内の系統関係は，多分岐になる部分が多く，信頼性の低い枝が多かった。一方，南方系統では3つのサブクレードが明瞭に認められ，それぞれのサブクレードの単系統性は高い信頼度で支持された。この結果は，北方系統のハプロタイプは

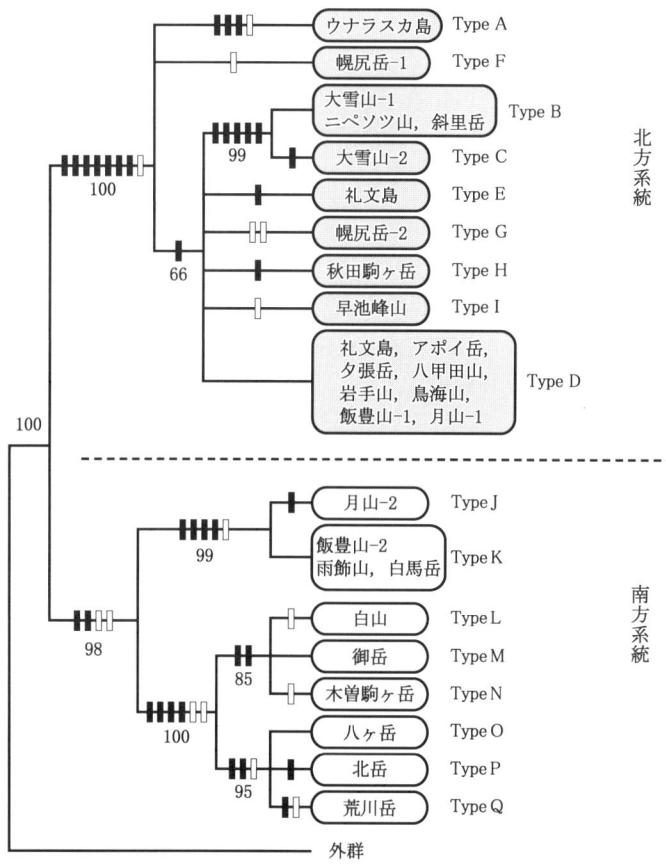

図5　17のハプロタイプ間の系統樹。黒四角は塩基置換を，白四角はギャップを示している。数字は信頼度(％表示)

南方系統のそれに比べて比較的最近になって分化したからなのではなかろうか？

そこで，北方系統内と南方系統内の各ハプロタイプ間の遺伝的距離を計算し比較してみた。つまり各ハプロタイプ間でどれぐらい血縁が遠いのか，近いのかを調べてみたのである。その結果，北方系統内の遺伝的距離の平均値は 0.00225 で，南方系統内の遺伝距離の平均値は 0.00536 であった。統計学的な検定を行なった結果，北方系統内のハプロタイプ間の遺伝的距離は南方系統内のそれに比べて有意に小さいことが示された。北方系統はアリューシャン列島の北端から東北地方まで南方系統と比べてはるかに広大な面積を占めているにもかかわらず，内部の集団間の遺伝的な隔たりが明らかに小さかったのである。この結果の唯一の合理的な説明は，北方系統のハプロタイプは南方系統のそれに比べてより最近に分化したと考えることである。なお，月山と飯豊山の集団では，北方系統と南方系統の2つの系統が両方とも分布していた(図3〜5)。

このように，系統解析の結果，ヨツバシオガマの葉緑体DNAには2つのクレードが存在することが明らかとなった。これら2つの系統群はどのような変遷過程をへて現在の分布をもつにいたったのだろうか？ いよいよ解析された系統にもとづいて歴史が解き明かされるのであろうか。

3．ヨツバシオガマのきた道

得られた確かな系統関係と遺伝的距離のデータから，ヨツバシオガマのたどった道筋について，考えうる3つの仮説を立てその妥当性をそれぞれ検討した。

第一の仮説は，単一の系統が日本列島に侵入した後，日本列島内での長期間の分断により2つの系統が分化したのではないかというものである。長時間の外的な障害により遺伝子流動が妨げられて系統的に大きなギャップが生じるということは，一般的な現象である。具体的にあてはめてみると，ヨツバシオガマの場合，2つの系統群の境界域が東北中部にあったので，この地域において遺伝子流動を長期間妨げる何らかの要因が存在していたことにな

る。しかしながら東北中部においてそのような長期間の障害となるような特定の要因(雪線を越えた大山脈とか巨大火山など)は過去にも現在にも知られていない。

　第二は，2つの系統群が別々のルートをへて日本列島に侵入してきたという仮説である。第四紀更新世には気候の寒冷化にともなって，北海道はサハリンや千島列島と陸続きとなり，本州西部は朝鮮半島と陸続きとなっていたことが知られている。したがってそのころに，北方系統がサハリンや千島列島をへて本州北部まで南下し，南方系統が朝鮮半島を経由して本州中部まで侵入してきたと考えることもできる。しかし，ヨツバシオガマに限って考えてみた場合には，本州西部の高山域や朝鮮半島，中国大陸に，近縁種を含めてすら，まったく分布していない。本州西部などは標高の高い山岳が存在しないので，現在は絶滅してしまった可能性は否定できない。しかし，大陸には高山が多数ありヨツバシオガマが十分残存できそうな地域が存在するにもかかわらず，知られていない。したがって，朝鮮半島経由で南方系統がはいってきたという痕跡がまったくない以上，この仮説を積極的に支持することはできそうにない。

　第三の仮説(図6)は，2つの系統群が時間差をもって日本列島に南下してきたのではないかというものである。第四紀更新世には氷河期と間氷期の繰りかえしが複数回あった。それにともなって，植物の分布も南下と北上を繰りかえしたことはいうまでもないだろう。そのことは花粉分析のデータからも示されている。そこでヨツバシオガマについては次のようなプロセスが考えられる。(1)気候の寒冷化(氷河期1)にともない，両系統の共通祖先[*]が日本列島の本州中部まで南下する。(2)温暖な間氷期になると大半のゲノムは北方に退き，一部のゲノムは本州中部の高山をレフュジア[*2]として遺存的に残る(その後に遺伝的な分化が進んでゆく)。(3)再び気候が寒冷化したとき(氷河期2)，北方系統の祖先ゲノムが南下してきて，北海道や本州北部に残

---

[*]生物種のもつ遺伝情報全体のこと。祖先が有していたであろう遺伝情報を祖先ゲノムという。
[*2]避難所のこと。地史を論ずる場合には氷河期のあいだに逃げ込んで何とか生きのびることのできた特定の小地域をレフュジアと呼ぶ。

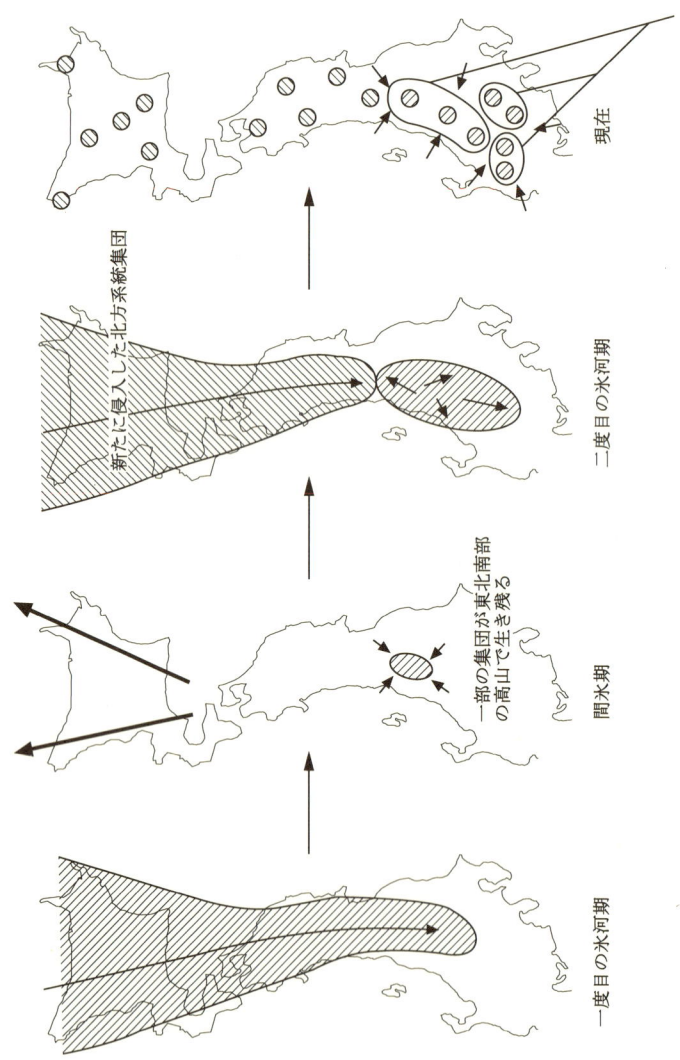

図6 ヨツバシオガマの日本への進入過程の推定図

存していた南方系を駆逐しつつ(もしくはもともと残っていなかったのかもしれない),本州北部まで分布域を広げるが,南方系が残存していた中部域まではいたることができなかった。

つまりこの考えでは,ヨツバシオガマの2系統群の葉緑体ゲノムは日本における分断で分化したのではなく,それらが日本と北方域に分かれているときに分化したものと考えるのである。北方系統内のハプロタイプの遺伝的距離が南方系統内のそれに比べて有意に小さいという結果はこの仮説を支持している。これまで得られたさまざまなデータから考えると,この2回進入説がもっとも妥当と思われる。

4. 北方系と南方系とでは外部形態も違っていた！

北方系統と南方系統の分布域が接する地域の月山や飯豊山においては両系統のヨツバシオガマが生育している。つまり,両系統の分布に重なりが見られる。驚くべきことに,両集団ではヨツバシオガマの外部形態の差異がハプロタイプと一致していた。少し詳しくこの点について述べてみよう。

月山では亜高山性の草原がでてくるあたりから頂上までかなり連続的にヨツバシオガマが見受けられる。遺伝子解析の結果,下部には北方系統が,頂上周辺には南方系統が生育していた。このことは南方系統が先に月山に定着していて,後の寒冷期になって山麓から北方系統が進入してきた結果と考えて矛盾はない。

それ以上に興味深いことに,この両者は遺伝的解析の結果が異なっていただけではなく,改めてその目で見直してみると,なんと驚いたことに外部形態が大きく異なっていたのである。しかもその区別点はこれまでに指摘されたことのないものであった。北方系統のものは写真2に示したように,萼筒から花冠が露出しているところで大きく屈曲している。そして花冠の赤い部分と白い部分のコントラストがあまり強くはないのである。また,植物体全体が大きくがっしりしていて花序が十数段にも達し,どちらかといえば湿性地に生育する傾向がある。それに対して南方系は写真3に見られるように花冠はまっすぐであり,赤と白とのコントラストがはっきりしている。植物体

写真2 左：北方系の例。花筒に注目：萼筒から花冠が大きく曲がって突きだしていることが特徴。赤い部分と白い部分とのコントラストが弱いことも指摘される。右：生育環境はどちらかといえば湿った場所で，また植物体はかなり大型になる。

写真3 左：南方系の例。花筒に注目：萼筒から花冠がまっすぐにでていることがひじょうに特徴的であり，また赤と白との差のコントラストが強い。右：北方系に比べると乾燥した場所に生え，植物体は小型である。

は比較的には小さく，ある程度の乾燥地にも生える傾向にある。このように，両者は花の形態も植物体の様相も大きく明瞭に異なり，さらに生育環境も異なっており，明白な分類群として遺伝情報以外でも区別できるものであったのである。図1に示したような従来の分類体系と我々の分子系統樹は全体的にはまるで合わないし，今回認識された形質については，従来はまったく見過ごされてきたことになる。

このように遺伝的に区別できることがわかってから，その目で見直して発見された形態的な差異というものは植物，動物を問わず，近年，多くの例がある。いかに人間の目がパターン認識に優れていようが，先入観で曇っていれば，見れども見えず，の状態になることを雄弁に物語っている。

まだ詳しい解析をしていないのでここではその事実を指摘しておくにとどめるが，もっとおもしろいことになるかもしれない。それは，月山でこの両者が接して生育しているにもかかわらず，遺伝的にも外部形態的にも容易に判別できるということは，両者のあいだに強い生殖的隔離が存在していることを示している。じつはヨツバシオガマの北方系統と南方系統は種内変異などのレベルではなく，すでに種レベルで分化していると考えた方がよいのかもしれないのである。

これまでの結果をまとめると，ヨツバシオガマの葉緑体 DNA に複数の系統群が存在し，それぞれが地理的な構造をもっていることが示された。データはここでは示さないがエゾコザクラ(サクラソウ科サクラソウ属)でも同様の結果が得られている(Fujii et al., 1995, 1999；図 7)。一方，両種と同じような分布域を示すイワギキョウなど数種ではほとんど遺伝的変異が検出されなかった(Fujii et al., 1996)。このことは，これまで現在の分布型からだけで太平洋要素としてまとめられてきた伝統的な高山植物群は決して単純にひとまとめにできるようなものではなく，相当に異なった歴史をもつ種が含まれていることを意味している。

我々はイワギキョウなどだけではなく，太平洋要素以外の種も含めた日本産高山植物 40 種群の葉緑体 DNA の種内変異を解析した(Fujii et al., 1996)。その結果，その約半数である 19 分類群ではまったく種内多型が検出されず，また多型の見られたものでもヨツバシオガマやエゾコザクラに比べると変異

18　第Ⅰ部　高山植物の起源

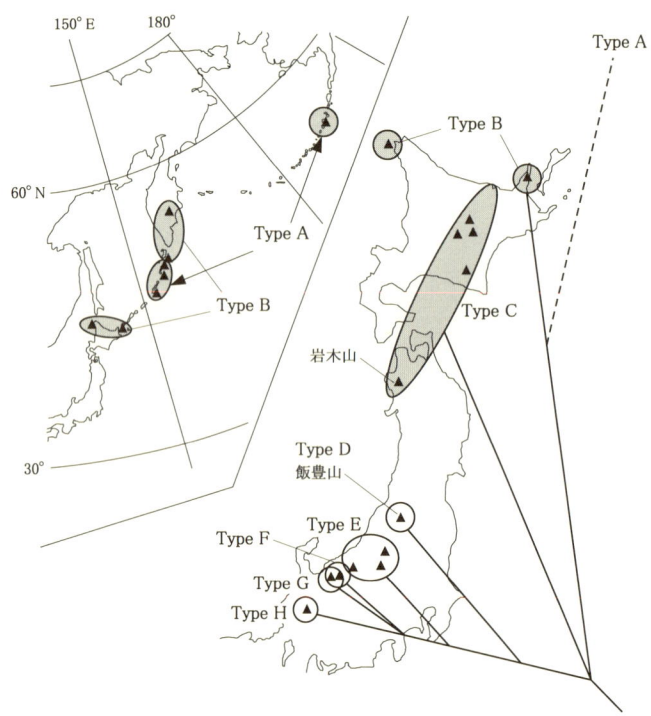

図7　エゾコザクラの地域系統樹。北方系，北海道-東北系，南方系の3つの大きな系統に分かれている。その点ではヨツバシオガマと異なるが，同じく東北地方で大きく分断されていることに注目。

の少ない種群が多かった(13分類)。残りの8種群ではヨツバシオガマやエゾコザクラと同程度の多型をもっていた。これらの結果は，日本産高山植物のなかで複数の氷期を生き抜くことができたのはほんの一握りの種群であって，大半の種は最終氷期に南下してきた系統が現在残っていることを意味しているのかもしれない。

5．本州中北部以南がレフュジアになっていたのではないか？

ヨツバシオガマとエゾコザクラの解析においては葉緑体DNAの各系統群の地理的分布に興味深い共通点があった。すなわち両種において南方系統とそれ以北の系統が本州北部（東北中部）あたりに境界域をもつという共通した

パターンがみられたのである。この結果は、本州中北部において何らかの共通した要因が両種の歴史に関与したからではないだろうか。このほかにも我々のグループの扱ったものでは、日本産トリカブト種群でおもしろい結果が得られている。Kita et al.(1995)は、キンポウゲ科のトリカブト属トリカブト亜属内の系統解析を葉緑体 DNA の解析にもとづいて行なっている。その結果、北海道と飯豊山の亜高山帯〜高山帯に生育している2倍体のトリカブト属植物の単系統性が 99% ブートストラップ確率で示された。一方、本州中部高山帯に生育しているトリカブト属植物は、低山域のほとんどの種同様に、すべて4倍体であり、2倍体群とは大きく系統が異なることが明らかにされた。ここでも飯豊山がでてくる。

　近年、このことを支持する結果がほかの研究グループからも示された。Tani et al.(1996)は、ハイマツ集団間の遺伝的分化を調べるためにアロザイム解析を行なっている。集団間のクラスター分析を行なった結果、日本のハイマツ集団は大きな2つのクラスター(北方集団と南方集団)に分けられることが明らかとなった(図8)。北方集団は本州北部の早池峰山以北の集団を含んでおり、南方集団は本州北部の焼石岳以南の集団を含んでいる。ハイマツは日本の高山帯を特徴づける、いや、象徴とも呼べるマツ科の木本植物であり、東北アジアに広く分布している。この日本の高山帯の象徴となる種においても本州北部において大きな遺伝的なギャップが存在していることが示されたことになる。

　このいちじるしい共通性はいったい何にもとづいているのであろうか？
　本州中北部において境界域がある要因としては、先に侵入していた系統が本州中北部以南に残っていたために、後から侵入してきた系統の分布拡大が制限された可能性があげられる。上述した植物たちの場合、飯豊山あたりに大きなレフュジアがあったためすでにその地域でしっかりと根づき、新参者である北方系統は本州北部までしか南下できなかったのかもしれない。実際に飯豊山系はその以北の山岳に比べて、かなり大きな山塊であり標高もあるのでさまざまな種において大きな集団が残っていた可能性は高いと思われる。もう1つの要因としては、氷期における気温や環境条件といった気候的要因

20　第Ⅰ部　高山植物の起源

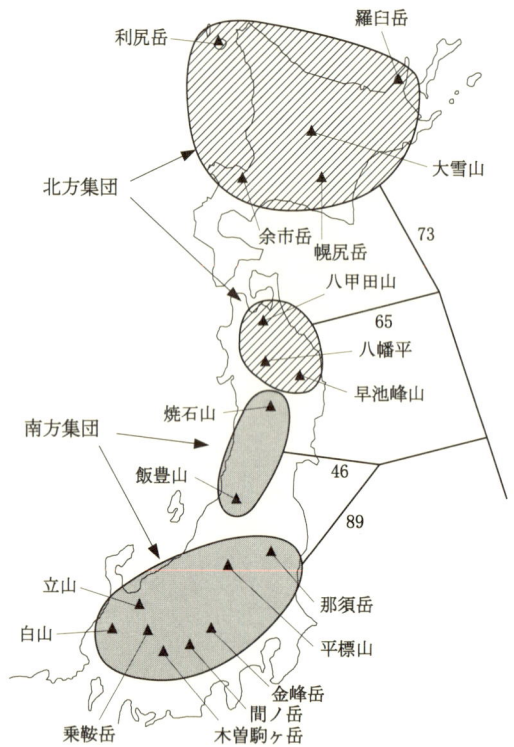

図8　ハイマツの地域系統樹(Tani et al., 1996 の結果から作図)。ヨツバシオガマと同様に東北地方で北方系と南方系とが大きく系統的に分断していることに注目。

が考えられる。しかし第四紀更新世の最終氷期がもっとも寒冷な時期であったことを考慮すると，後から侵入してきた系統が気候的要因によって本州北部周辺までしか南下できず，それ以上の南下が制限されたとは考えにくい。系統解析によって歴史はなぞれたが，その要因の解明まではまだまだ先の話のようである。

　本研究で解析した種はほんの一部の種群である。しかし，その一部の種を解析しただけでも，さまざまな歴史をもった種群の集まりであることが明らかとなった。系統地理学は今ようやく科学的に展開できる時代になった。今回紹介した内容をはるかにしのぐ仕事が今後次々に発表されるようになることを心から期待して筆をおきたい。

極地植物と高山植物の類縁関係
ユーラシア東部と北米を中心にして

第2章

北海道大学・高橋英樹

　多くの人は「極地と高山は同じような植物が生えている」と漠然とイメージしている。どちらも冷涼で短い夏をもち，森林が成立しない草原状の景観という点では似ている。氷河期に南下した極地（周北極）植物は，温暖化とともに，一部は南の高山に逃げこんで残存し，残りは再度北上したとの考えは，極地と高山で似た植物が生育していることを説明する。極地と高山との共通性を強調し，極地‐高山植物相（arctic-alpine flora）（正確には北極‐高山というべきか）とかそのような植生をまとめて極地‐高山ツンドラ（arctic-alpine tundra）という言い方もされる。

　本章では北半球のユーラシア東部と北米に位置する極地‐高山植物相の共通点とともに相違点を明らかにすることを目的とする。

1. 分類群構成

　植物地理学では各地の植物相におけるラウンケルの生活形（休眠芽の位置により地上植物，地表植物などに分類）の割合を比較することがよく行なわれる。この方法は気候環境を知るうえで有効な手段といえる。一方，科・属・種といった分類群の構成割合を比較することは，現在の気候・地形などの環境に加え，その地域における地史的変遷や過去の分布のつながりを解明する糸口となりうる。

しかし，地域，とくに国により種の認め方に違いがあるため，実際には地域間で種の異同を定量化して比較するのは難しいことが多い。たとえば千島列島チルポイ島のフロラを調べリストアップしたときには，じつに34%(36/105)の種類で日本とロシア間で一般に使われている学名が異なっていた(Takahashi et al., 1997)。ロシアの分類学者にはスプリッター(種を細分する傾向が強い研究者)が多く，亜種ランクは使うが変種ランクはほとんど使わない。一方，北方植物の分類学者として著名なスウェーデンの Hultén (1968)は種を広くとる傾向があり，地域的に形態分化した種類を亜種として扱う。日本の植物分類学者は種の下に亜種さらに変種を認める人もあり，学名も長くなりがちである。つまり，地域間の植物相を種レベルで比較するには，まず厳密な分類学的整理が必要となる。

このような事情もあり，地域間で分類群構成を比較するときには，科や属といった分類ランクで行なうのが実際的である。科や属レベルになると種レベルほどには見解に相違はないし，たとえあったとしてもある見解に統一して比較できる。

まず日本の高山植物相と，ネパール高山・東シベリア極地・アラスカ極地・南ロッキー高山の計5地域の極地‐高山植物相の比較を試みる。

5つの極地‐高山植物相における種子植物の科構成

5つの植物相すべてにおいて10位以内にはいっているのがキク科・キンポウゲ科・イネ科・バラ科である(表1)。とくにキク科とイネ科は，北半球の温帯〜寒帯域のしかも低地から高山までの各地域でつねに上位にはいる大きな科である。蛇足ながら，種子植物の世界3大科はキク科(約25000種)，ラン科(約20000種)，マメ科(約18000種)といわれる。

ネパール高山ではユキノシタ科が2位に，サクラソウ科が7位にと，10位以内に現われるのが目を引く。とくにサクラソウ科は，ほかの植物相ではこれほど上位にくることはない。ネパールがサクラソウ属進化の中心地域であることを反映している。また，ほかの植物相ではつねに5位以内の上位に顔をだすカヤツリグサ科が，ネパールでは10位以内にはいらないのもめだった特徴である。カヤツリグサ科と同様に湿性環境を好むイグサ科の順位

表1 5つの極地・高山植物相における種子植物の科構成。5地域いずれかで上位10科に含まれる科名のみ表示した。5地域の植物相は、日本が清水(1982-83), ネパールがOhba(1988), 東シベリアがEgorova et al.(1991), アラスカがHultén(1968), 南ロッキーがWeber(1967)による。日本が清水(1982-83), ネパール側に産する種を選び、Weber(1967)からはリストされた全種を対象としたが、Hultén(1968)からは生育地の記述でsubalpine, alpine, tundra, timberlineのあたりがそれかに高い、とアラスカ側に産する種を選び、Weber(1967)からはリストされた全種を対象としたが、Hultén(1968)からは生育地の記述でsubalpine, alpine, tundra, timberlineのあたりがそれかに高い、とあるものを選択した。科の範囲はほぼ清水(1982-83)に従ったが、ケマンソウ科は認めず、ケシ科に含め、亜種・変種の数は数えない。特有科とは、その植物相だけに出現し、他4植物相に見られない科のこと。多様性指数H'はシャノン・ウィーナー関数。キク科/ラン科種数比は24頁の脚注を参照。

科 名	日本高山 順位	日本高山 種数(%)	ネパール高山 順位	ネパール高山 種数(%)	東シベリア極地 順位	東シベリア極地 種数(%)	アラスカ極地 順位	アラスカ極地 種数(%)	南ロッキー高山 順位	南ロッキー高山 種数(%)
キク科	1	53(11.5)	1	140(11.4)	2	64(10.1)	1	75(10.7)	1	86(15.7)
カヤツリグサ科	2	49(10.7)	13		4	52(8.2)	1	83(11.9)	2〜3	60(10.9)
キンポウゲ科	3	30(6.5)	3〜4	74(6.0)	6	39(6.2)	7〜8	31(4.4)	6	24(4.4)
イネ科	4	29(6.3)	5	70(5.7)	1	80(12.7)	3	68(9.7)	2〜3	60(10.9)
ツツジ科	5	27(5.9)	24		15〜16		14〜15		19〜22	
バラ科	6	23(5.0)	9	45(3.7)	9	27(4.3)	6	34(4.9)	5	28(5.1)
ユリ科	7	22(4.8)	16〜17		17〜18		26〜28		14	
ナデシコ科	8	19(4.1)	11		5	45(7.1)	5	43(6.2)	8	22(4.0)
ゴマノハグサ科	9	17(3.7)	3〜4	74(6.0)	11		11		4	30(5.5)
リンドウ科	10	15(3.3)	6	63(5.1)	21〜26		19〜20		16	
ユキノシタ科	14		2	89(7.3)	10	26(4.1)	10	28(4.0)	7	23(4.2)
サクラソウ科	16〜17		7	59(4.8)	17〜18		14〜15		18	
アブラナ科	15		8	49(4.0)	3	59(9.4)	4	53(7.6)	9〜10	19(3.5)
マメ科	11〜13		10	44(3.6)	7	30(4.8)	9	29(4.2)	11〜12	
ヤナギ科	21〜22		23		8	28(4.4)	7〜8	31(4.4)	13	
イグサ科	11〜13		21〜22		13		12〜13		9〜10	19(3.5)
全種数		460		1227		631		698		549
特有科数/全科数(%)		0/51(0)		13/66(19.7)		0/53(0)		2/63(3.2)		2/51(3.9)
上位3科の種数(%)		132(28.7)		303(24.7)		203(32.2)		226(32.4)		206(37.5)
上位10科の種数(%)		284(61.7)		707(57.6)		450(71.3)		475(68.1)		371(67.6)
多様性指数(H')		3.31		3.37		3.13		3.27		3.16
キク科/ラン科種数(%)		53/9(5.9)		140/24(5.8)		64/1(64.0)		75/10(7.5)		86/16(5.4)

も低い。

　東シベリア極地・アラスカ極地・南ロッキー高山の3つの植物相は科構成では互いによく似ており，とくに東シベリアとアラスカの極地植物相は高い類似度を示している（図1A）。南ロッキー高山と比較した場合，これら2つの極地植物相ではアブラナ科やマメ科・ヤナギ科がより優位を占め，ゴマノハグサ科の順位が落ちているのが共通の特徴である。

　5つの植物相のうち特定の植物相だけに見られる特有科の数は，ネパールで圧倒的に多く，66科中13科にものぼる（表1）。ほかの植物相では特有科が0～2科にすぎないのとは明らかに異なる。ただしいずれの科でも1～3種と種数は少なく，本来低～山地性と思われるウコギ科・ヒルガオ科・ナス科なども含まれるため，ネパールで"高山植物"とされた定義がやや広いことも一因かもしれない。なお，裸子植物のマオウ科 Ephedraceae の存在はネパールヒマラヤの乾生ステップ斜面を特徴づけるもので，東シベリアのタイガ帯に散在するステップ斜面まで分布がつながる点が注目される（高橋，1994）。ネパール高山では上位3科や10科に集中する種数が少ないのも特徴である。特定の科に種が集中しすぎないことは結果的に多様性指数を高めることになる。科レベルでみた場合，ネパールの高山植物相は今回比較した5極地-高山植物相のなかではもっとも固有性と多様性が高い（表1）。理由としては，斜面方位の違いによる立地環境の多様さ，家畜放牧による撹乱，長い進化の歴史などが考えられる。

　大陸乾燥度を示すとされるキク科/ラン科種数比* は東シベリア極地で極端に大きく，厳しい大陸性気候に支配されていることを示す。なおこのキク科/ラン科種数比は，日本全体：日本高山で2.1：5.9，東シベリア全体：東シベリア極地で8.1：64.0，アラスカ全体：アラスカ極地で5.9：7.5と，いずれの地域でも極地・高山植生がより南や低標高の植生より高い値を示し，

---

*キク科とラン科は世界でも最大の科であり，種数が多い。一般にめだつ花をもつため地域のフロラ調査の際に見落とされにくい植物群である。ラン科は熱帯から亜熱帯，海洋性気候の支配する森林や湿原に主要な生育地がある。一方，キク科は乾燥気候や大陸性気候の支配する草原や撹乱地が主要な立地である。このためフロラの完成度にかかわらず，キク科/ラン科種数比は対象地域の乾燥・大陸度を表わす簡便な指標となる（高橋，1994）。世界全体の標準値は1.25。

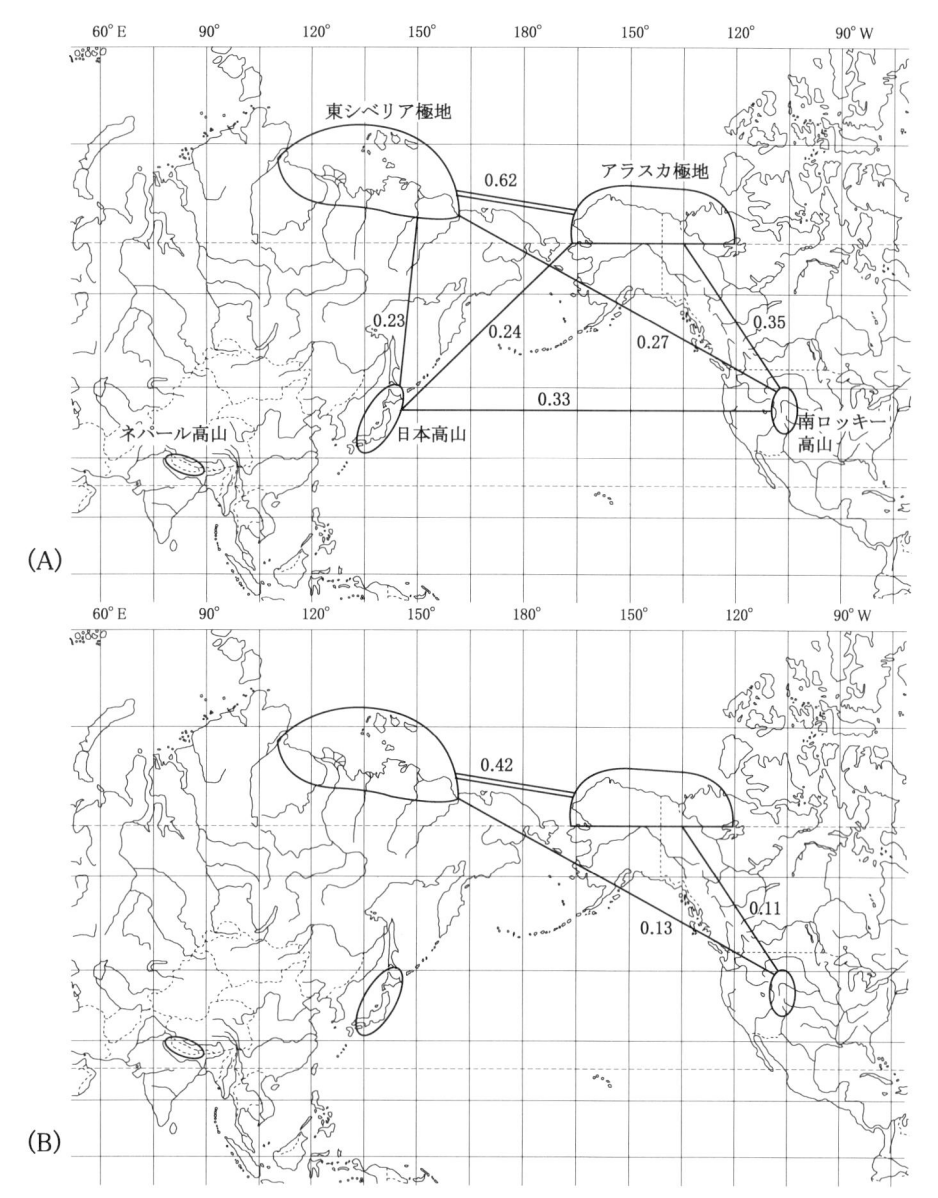

図1 5つの極地 - 高山植物相間の科構成(上)と属構成(下)による類似度。上位10科(属)の順位相関係数(Kendallのタウ係数)による。A：二重線：$\tau_a=0.41$以上，実線：$\tau_a=0.21〜0.40$。B：二重線：$\tau_a=0.21$以上，実線：$\tau_a=0.01〜0.20$

極地 – 高山の立地が厳しい生理的乾燥にさらされていることを示唆する。

　日本の高山植物相においてはキク科とカヤツリグサ科が群を抜くが，3位以降はキンポウゲ科・イネ科などどんぐりの背比べ状態である。優占10科の順位づけによる相関では，日本の高山はネパール高山とは類似がみられないが，東シベリアやアラスカ，南ロッキーなどの極地 – 高山植物相とはある程度の類似が認められる。地理的にもっとも離れた南ロッキー高山とのあいだにも類似がみられる（図1A）のは，お互いが温帯域に位置する高山という大気候的な類似をもつこと，ベーリンジア*をへてある程度の地史的な関係をもっているためであろう。

　科レベルで日本の高山植物相を際立たせている特徴として，(1)アブラナ科が貧弱であること，(2)ツツジ科・ユリ科が豊富であることを付記したい。私自身，東シベリアの極地植生を歩いて強く印象に残っているのは，ごく小さいサイズのアブラナ科植物種の豊富さだった。逆にいえば日本の高山植生ではアブラナ科植物はめだった存在ではない。日本高山植物相におけるツツジ科とユリ科の豊富さについては山地植物の高山環境への侵入，種分化を示唆している。

5つの極地 – 高山植物相における種子植物の属構成

　上位10属の順位相関でみると，日本の高山植物相は他地域の植物相とのあいだに特別高い類似度は認められず（図1B），属レベルでみれば独自性をもった植物相といえる。これには日本高山植物相においてたまたま同一順位をもつ属が多数でたことによる順位相関係数の計算上の問題もある（表2）。ただそのなかではネパールの高山植物相とのあいだにある程度の共通性がみられることに注目したい。とくにネパール高山で多数種が見られるサクラソウ属やトリカブト属・リンドウ属・トウヒレン属が日本高山植物相でも10位以内にはいる点は特筆される。

---

*氷河期に海水面が100m低下したとすると，浅いベーリング海峡は陸化してシベリアとアラスカは陸続きになっていた（Hultén, 1968）。この一帯は最終氷河期には氷床におおわれることもなく乾生ツンドラが広がっていたとされる。この地域をベーリンジアと称し，氷河が後退するにつれここから極地 – 高山植物が供給されたとする。

表2 5つの極地−高山植物相における種子植物の属構成。5地域いずれかで上位10属に含まれる属名のみを示した。属の範囲づけはおもに清水(1982-83)に従っているが、広義のタカネツメクサ属 *Arenaria* は狭義の *Arenaria* と *Minuartia* に、広義のタデ属 *Polygonum* は *Aconogonon, Bistorta, Polygonum, Persicaria, Reynoutria* に細分した。特有属とは、その植物相だけに出現し、他4植物相に見られない属のこと。参考文献は表1と同じ。

属名	日本高山 順位	日本高山 種数(%)	ネパール高山 順位	ネパール高山 種数(%)	東シベリア極地 順位	東シベリア極地 種数(%)	アラスカ極地 順位	アラスカ極地 種数(%)	南ロッキー高山 順位	南ロッキー高山 種数(%)
スゲ属 *Carex*	1	40(8.7)	7	23(1.9)	1	39(6.2)	1	68(9.7)	1	53(9.7)
ヨモギ属 *Artemisia*	2	10(2.2)	37〜43		11		15〜19		12〜14	12(2.2)
ユキノシタ属 *Saxifraga*	3	9(2.0)	1	74(6.0)	4〜5	21(3.3)	3	21(3.0)	8	
サクラソウ属 *Primula*	4〜8	8(1.7)	3	48(3.9)	96〜189		29〜33		33〜50	
トリカブト属 *Aconitum*	4〜8	8(1.7)	9〜10	18(1.5)	96〜189		106〜222		98〜209	
イグサ属 *Juncus*	4〜8	8(1.7)	11〜14		23〜26		23〜28		4	15(2.7)
ウシノケグサ属 *Festuca*	4〜8	8(1.7)	152〜319		16〜19		20〜22		33〜50	
スミレ属 *Viola*	4〜8	8(1.7)	152〜319		57〜95		106〜222		18〜32	
シオガマギク属 *Pedicularis*	9〜11	7(1.5)	2	54(4.4)	8〜9		12〜14		12〜14	
リンドウ属 *Gentiana*	9〜11	7(1.5)	4	31(2.5)	57〜95	14(2.2)	46〜68		51〜97	
トウヒレン属 *Saussurea*	9〜11	7(1.5)	5	29(2.4)	31〜38		46〜68		—	
キケマン属 *Corydalis*	—		6	27(2.2)	96〜189		69〜105		—	
イワベンケイ属 *Rhodiola*	52〜91		8	19(1.5)	96〜189		106〜222		98〜209	
ナガハグサ属 *Poa*	22〜33		9〜10	18(1.5)	10	13(2.1)	10〜11	11(1.6)	6	13(2.4)
ヤナギ属 *Salix*	12〜15		11〜14		2	28(4.4)	2	29(4.2)	7	12(2.2)
イヌナズナ属 *Draba*	22〜33		18〜25		3	27(4.3)	4〜5	19(2.7)	10	9(1.6)
キンポウゲ属 *Ranunculus*	16〜21		26〜28		4〜5	21(3.3)	6	17(2.4)	9	10(1.8)
キジムシロ属 *Potentilla*	22〜33		11〜14		6	17(2.7)	4〜5	19(2.7)	5	14(2.6)
タンポポ属 *Taraxacum*	22〜33		55〜65		7	15(2.4)	20〜22		33〜50	
ハコベ属 *Stellaria*	22〜33		55〜65		8〜9	14(2.2)	12〜14		12〜14	
オヤマノエンドウ属 *Oxytropis*	12〜15		18〜25		12		7	14(2.0)	11	
ムカシヨモギ属 *Erigeron*	92〜195		75〜105		39〜56		8〜9	12(1.7)	2〜3	18(3.3)
キオン属 *Senecio*	34〜51		31〜36		23〜26		8〜9	12(1.7)	2〜3	18(3.3)
ヒルムシロ属 *Potamogeton*	—		106〜151		13〜15		10〜11	11(1.6)	51〜97	
全種数		460		1227		631		698		549
特有属数/全属数(%)		41/195(21.0)		166/319(52.0)		25/189(13.2)		22/222(9.9)		50/209(23.9)
上位10属の種数		113(24.6)		341(27.8)		206(32.6)		222(31.8)		174(31.7)

ネパール高山においてはユキノシタ属(74種)，シオガマギク属(54種)，サクラソウ属(48種)と多数種を分化させ〝成功〟した属が認められる。これら各属はおのおの74.3％，80.0％，85.4％ときわめて高い種レベルでの固有率ももっている(Ohba, 1988)。また，10位以内に出現するキケマン属とイワベンケイ属はほかの4植物相ではまったく見られなかったり下位の属である。とくにイワベンケイ属は，ヒマラヤから中国西南部にいたる地域が分布の中心であり，ヒマラヤ高山帯では植生上もめだった存在といわれる(大場，1987)。一方，他地域ではつねに1位を占めるスゲ属がネパール高山では7位に後退している。上位10位以下の属にもほかの植物相ではまったく見られない属が多数あり，特有属は319属中166にのぼり全属数の半分以上にもなる(表2)。上位10属の順位相関による類似度(図1B)も考えあわせると，ネパールの高山植物相はほかの4つの極地–高山植物相に比べると，かなり独自性をもった植物相であるといえる。これはネパール高山植物相が中央アジア高地回廊(central Asiatic highland corridor)(大場，1987；Ohba, 1988)を介してユーラシア極地植物相との関連をもちながら(図2参照)も，独自の進化をとげたことを裏づけるものである。

　東シベリア・アラスカ・南ロッキーの極地–高山植物相だけに共通する特徴として，ヤナギ属・イヌナズナ属・キンポウゲ属・キジムシロ属が10位以内にはいる点があげられるが，ここにおいても東シベリアとアラスカの極地植物相の高い類似度が示されている(図1B)。これは氷河期に成立したベーリンジアの存在(Hultén, 1968)を改めて支持するものである。東シベリア極地植物相で10位以内にでてくるタンポポ属とハコベ属は他地域では10位以内にはでてこない。ただタンポポ属については東シベリアでの分類がやや細分化しすぎている可能性がある。さらに新大陸のアラスカ極地と南ロッキー高山に共通の特徴としてキク科のムカシヨモギ属とキオン属が10位以内にはいる点が特筆される。

　日本の高山植物相では1位のスゲ属が群を抜くものの，これに続く2位以下の各属は10種以下と少ない。ヒマラヤ高山におけるユキノシタ属・シオガマギク属・サクラソウ属，東シベリア極地におけるヤナギ属・イヌナズナ属，アラスカ極地におけるヤナギ属・ユキノシタ属，南ロッキー高山におけ

るムカシヨモギ属・キオン属，といった多数種を分化させ"成功"した属が，日本高山では認められない。10位以内にヨモギ属・ウシノケグサ属・スミレ属がみられる点はほかの植物相と異なる特徴であるが，いずれも山地植物からの種分化をうかがわせる。このうち同じイネ科のウシノケグサ属とナガハグサ属は乾生の草原環境に適応し生態的な同位関係と考えられ，日本高山植物相ではウシノケグサ属＞ナガハグサ属の優位関係が，他4植物相では逆転している。上位10属への集中度が低い点からみて（表2），日本高山とネパール高山の植物相はほかの3植物相に比べて属レベルではより多様であるといえる。

実際の高山植生には亜高山植生や山地植生，家畜や人為による撹乱植生などがモザイク状に混在しているため，ある地域の高山植物相を厳密に抽出することは難しい。今回の比較では上位の科・属の構成や順位相関を使っているので，このような問題はある程度回避できたと考えている。

日本の高山植物相の特徴

日本の高山植物相については小泉（1919）以来，種の分布パターンを類型化していくつかの"要素"に分ける研究が数多くされてきた。これをまとめると，日本の低～山地の温帯・亜熱帯の植物にはかなりの中国・ヒマラヤ要素がみられるが，一方，日本の高山植生には中国・ヒマラヤ要素の影響が少なく北方要素の影響が強いとされる。今回の研究では，科レベルでみると北方極地との類似性はあるものの，属レベルでみると比較的独自性が高く，ネパール高山とのあいだにある程度の共通性があることが示された。これは基本的に中国・ヒマラヤとの共通性が高い日本の山地植物から，日本の高山植物の種分化があったことを示唆している。

ここで視点をかえて，低地から高山まで含んだ日本の植物相全体から日本の高山植物相をみてみる。日本植物相の大きな科20科のうち，全種数の20％以上が高山植物であるのはキンポウゲ科・ツツジ科・ナデシコ科である。科構成の項でも述べたように，ツツジ科に高山植物種が多い点は日本の特徴といえるだろう。

属レベルでみた場合，日本植物相の上位20位以内にありながら，高山植

物種をまったく含まない属がある．イヌタデ属・ギボウシ属・ササ属・カンアオイ属・テンナンショウ属・カヤツリグサ属・ホシクサ属の計7属である．これらの属は日本ではもっぱら低地の中湿〜湿生環境で多数種を分化させた暖温帯系の種群で，日本の高山環境では基本的には成功しなかった属といえる．ユキノシタ属・ウシノケグサ属・サクラソウ属・シオガマギク属・リンドウ属は日本の植物相全体では上位20位にもはいらない中程度の属だが，高山植物相だけに限れば11位以内にはいり，日本においては高山植物中心の属といえる．

アザミ属・トリカブト属・トウヒレン属は日本全体では上位20位以内にはいる大きな属だが，周北極地域での種数は少ない．このような属でみられる日本の高山植物種の多くは，やはり山地種からの高山環境への侵入・種分化が想定される．

結局，日本の高山植物相は極地植物の"末裔"とともに，東アジア山地起源植物の混在により特徴づけられる．ただし日本の"高山植物"や"高山植生"をどう定義するかについては，種々議論があることを付記しておく．

さらに極荒原へ

今回取りあげた東シベリアの極地植物相は，植生帯からは極地ツンドラと呼ばれる．このさらに北に位置する地帯をとくに極荒原(極地砂漠，arctic desert)と呼ぶことがある．ここではAleksandrova(1988)を参考にして，シベリアにおける極地ツンドラから極荒原にいたるまでの分類群構成の変化を種子植物以外の植物群も含めて概説し，もっとも環境の厳しい極端な極地植物相の例をみてみよう．

極荒原においては，地衣類やコケ類(とくに蘚類)の種数が維管束植物(種子植物とシダ植物を合わせたもの)に比べて優位になる．とくに地衣類では固着性地衣類が多く，また蘚類ではミズゴケ属が見られないのが特徴である．土壌微細藻類をみても極地ツンドラで優位だった緑藻は極荒原ではラン藻が優占する．維管束植物といってもシダ類や裸子植物が見られず被子植物のみである．さらにツンドラで優勢な矮生灌木さえ極地砂漠ではまったく欠落する．

極荒原地帯に位置するシベリア北極海の諸島での種子植物相データによると，(1)イネ科(19種)，(2)アブラナ科(17種)，(3)ナデシコ科(13種)，(4)ユキノシタ科(12種)と続くが極地ツンドラで優位を誇ったキク科，カヤツリグサ科は極端に減少する。以下，5種以下の科になるため，結局上位3科に53％の種が集中し，北半球の5極地‐高山植物相での24.7～37.5％(表1)よりずっと大きな値となる。ラン科種数は0なのでキク科/ラン科種数比は無限大になってしまう。属レベルでは，イヌナズナ属とユキノシタ属が11種と群を抜いて多く，以下，ナガハグサ属・ハコベ属が続くが，極地ツンドラで優位を誇ったスゲ属・ヤナギ属が激減する。上位10属に57％と大半の種が集中し，北半球の5極地‐高山植物相での24.6～32.6％(表2)よりずっと大きな値となる。結局，極荒原にまでいたると特定の分類群に種数が集中し，科レベル・属レベルでの多様性指数は極端に減少することになる。

2．種の地理分布パターンと移動ルート

　北半球の極地‐高山植物種の分布パターンについてはフルテンによる膨大な研究がある[Hultén and Fries(1986)がその総決算といえる]。このような現生の極地‐高山植物種の分布パターンを重ね合わせていくと，北半球において極地から中低緯度へ南下するおもな地域がいくつか浮かびあがってくる。それは，(1)北米西部のロッキー山脈ぞい，(2)ユーラシア東北部から中央アジア高地にかけて，(3)ユーラシア西北部からピレネー・アルプス・カフカス山脈にかけてである。このうち(2)のユーラシア東北部地域はさらに①サハリン，日本，シホテ・アリニ山脈，大興安嶺をへて中国西南部と中央アジア高地東縁にいたるルートと，②ヤブロノヴィ山脈，サヤン山脈，アルタイ山脈をへて天山山脈から中央アジア高地西縁にいたるルートの2つが認められる。そしてこの2つのルートは最終的にはヒマラヤによってつながる。ヒマラヤの高山植生は，中央アジア高地回廊の東回りと西回りの2つのルートでユーラシアの極地植生につながると考えられている(大場，1987；Ohba, 1988)。
　一般に極地‐高山植物の分布パターンの成立は比較的新しい時代のことで，第四紀の氷期・間氷期が繰りかえす気候変動をへて形成されたと考えられて

いる。最終氷河期のユーラシア東北部には氷床は発達せず，乾燥したツンドラあるいはツンドラ-ステップ植生がおおっていた。それでも多くの極地-高山植物が生育できるようなツンドラやステップ植生が連続するルートとしては，多様な斜面方位・地形・立地を内包する山脈ぞいの移動ルートがもっとも考えやすい(図2)。ただし温暖化にともなう北上ルートには南北方向の山脈とともに南から北に向かって北極海に流入する河川が役割を果した可能性がある。

地形的にみた場合，中低緯度の高山植物では山脈の分断が分布障壁となるのに対し，高緯度の北極海に面した極地植物ではそれほど大きな地理的分布障壁がないので，周北極地域における東西方向の分布移動は比較的容易であり，地域による種分化もあまり進んでいないと考えられる。中低緯度の高山植物の集団は山頂に飛び石状に分布するため，地理的な隔離が強く働き，種

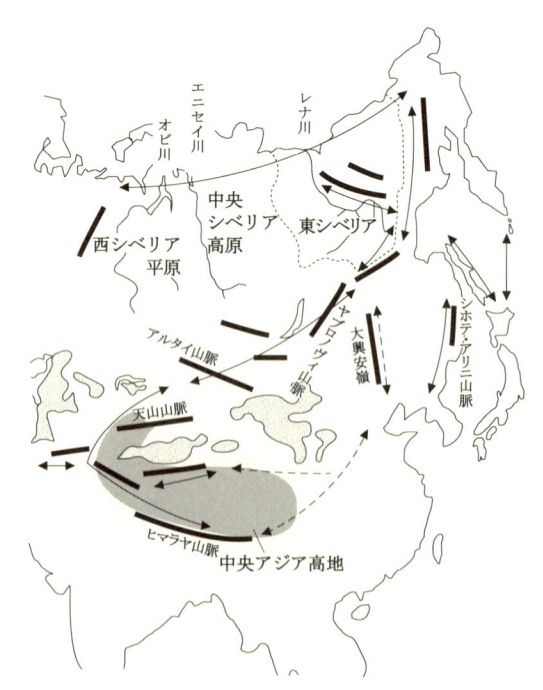

図2 ユーラシア東部の山系と想定される極地-高山植物の移動ルート
（高橋，1994を一部改変）

分化や集団間の遺伝的分化も急速に進むと推定される。このような傾向は最近のDNA解析による分子系統地理学的研究でも明らかにされつつある（藤井，1997；および第1章参照）。

　緯度と高度からみた植物の移動スピードの違いについても注意が必要である。絶対的な温量だけからみれば，北上することと山の上に登ることは同じことである。1000 mの垂直上昇で6℃気温が低くなるとすると，南北方向では，千葉県の銚子（緯度35°44′N；8月平均気温24.8℃）から北海道の稚内（45°25′N；18.9℃）へ，あるいは稚内からオホーツク（59°22′N；13.2℃）へ，あるいはオホーツクから北極海に面するチョクルダフ（70°37′；7.2℃）へ北上したのに相当する。つまり，ユーラシア東部では1000 m（1 km）の垂直上昇はおよそ緯度方向での10°，約1100 km北上した温度変化に相当することになる（理科年表より計算）。

　このことは温暖化や寒冷化にともなう植物移動においては，垂直方向の移動に比べて南北方向の移動により速いスピード（高い種子分散能力）が要求されたことを意味する。渡り鳥による種子の長距離散布は南北方向の移動に一定の役割を果したと思われる。一方，垂直方向への移動においては種子分散能力はそれほど高い必要はない。むしろ環境に対する耐性能力の獲得や他種との競争力を要求されただろう。

　極地と高山とは寒冷である点では共通しているが，環境のありかたとしては異なる点が多い。高緯度の極地では日照時間の極端な季節変化があり，夏でも中低緯度に比べると太陽の位置は低く地表の単位面積あたりの日射量は小さい。一方，中低緯度の高山では昼・夜における温度や日射の差が明瞭な日変化気候であり，夏季の太陽は高い位置にあり，単位面積あたりの日射量も大きい。このため極地と高山とのあいだではたとえ同一種でも，効率よい光合成や紫外線に対する防御など，生理生態的な適応能力を変更する必要がある。また光周期は開花期や花芽分化の時期を関知するシグナルとして利用されているので，南北方向の移動にあたってはこれらの生理的適応も不可欠となった。

3. 極地−高山環境への適応形態

ツンドラ地域に生育する植物の一般的な適応形態としては，(1)多年生，(2)矮生，(3)乾生形態などがあげられる。乾生形態はとくに葉に見られ，ミネズオウやガンコウラン属などで葉縁が裏面に巻き込むこと，イワベンケイ属のように多肉になること，コケモモなどのように葉表面のクチクラ層が厚くなるなどして生理的乾燥に耐性をもつようになる。これらの特徴は高山植物でも一般に見られる。多くのツンドラ植物が乾生形態を示すことは，ツンドラ植物がステップから起源したとする推定の根拠ともなっている(Chernov, 1985)。

冬季の強風の影響を回避し，夏季の地表面の暖かい温度域を利用する必要から，ロゼット植物やマット型の匍匐植物が多く見られるのも極地と高山に共通の特徴である。また恒温動物におけるアレンの規則*と相似の現象として，植物体全体が半球体の形をとる〝クッション〟植物も同じように極地と高山とに見られる。同じような環境条件に対応して同じような生活様式・形態が，極地と高山でさまざまな分類群で平行的に進化した。

ネパールヒマラヤ高山で見られる極端で奇妙な植物形態の例として，〝雪玉〟植物(snowball plants)と〝温室〟植物(hothouse plants)があげられる(Ohba, 1988)。〝雪玉〟植物の例はキク科トウヒレン属の *Saussurea gossypiphora* に見られ，葉に密な綿毛をもち花序や茎先端の芽を断熱・保護する。植物体全体が円形になり白い綿毛におおわれているようすからこの名がついた。茎先端や花序は長い綿毛をつけた葉によりおおわれた空間(部屋)のなかにあり，激しい温度変化にさらされず，受粉や茎先端の成長に役立っていると考えられる。本種ほどではないにしてもトウヒレン属のほかの種にはやはり茎頂周辺が密な綿毛におおわれる種があり，〝セーター〟植物という呼び方もある。〝温室〟植物の例としてはタデ科の *Rheum nobile* やトウヒレン

---

*恒温動物では，寒冷地の種や個体で耳や尾などの突出部が短くなる傾向がある。これは体表面積を減少させ体熱の発散を防ぐのに役立っていると説明される。

属の *Saussurea obvallata* があげられる。紙質で半透明の苞葉に包まれた部屋のなかに花序があり，温度が維持されたなかでの花粉媒介昆虫の活発な行動が観察されている。"雪玉"植物と同様に茎先端の成長を保護・促進する役割ももつと考えられる。

以上2例では，成長点や花序を断熱・保護するうえで，新たに成長した当年葉が役割を果している。それは"雪玉"植物や"セーター"植物では葉の上に生える密な綿毛であるし，"温室"植物では薄い質に変化した葉(苞葉)そのものである。

一方，シベリアの極地ツンドラでは古い枯葉が茎から離脱せずに長期間にわたって残存し根茎や芽を保護する例が指摘され，バラ科の *Novosieversia glacialis* があげられている(Chernov, 1985)。このほかにも葉が完全な常緑段階まで進化していないヤナギ属・イヌナズナ属・ユキノシタ属などの種類で，当年以前に形成された枯葉が落葉せずに茎先端の芽や若い花序を断熱・保護する例が見られる(写真1)。この働きはおもに春や秋において効果的だと思われる。このような植物を"セーター"植物に対比し，"古着"植物 (used clothing plants)と呼んでおく。落葉しない枯葉では，離層が発達しないのか，離層で働くべき細胞壁分解酵素が欠けているのか，あるいはこれ

写真1 東シベリア極地ツンドラに生える"古着"植物の *Draba pilosa* (イヌナズナ属)

らの発達生成を制御するオーキシンやエチレン生産に異常があるのか，などはこれからの解明課題である。

　ヒマラヤ高山で新しく展開した葉が茎頂や花序の機能を保護・促進するのは，高山環境における夏季の厳しい日変化気候に対応したものと思われ，シベリアの極地ツンドラで使い古した葉が芽や若い花序の保護・断熱の機能を果しているのは極端な季節変化気候に対応した適応ではないかと考えている。

　これまでは，極地と高山との共通点のみが強調されすぎたきらいがある。これからは極地植物相と高山植物相それぞれの，適応形態や生理生態のユニークさを解明する研究が発展することを期待したい。

ハイマツ帯の生態地理

第3章

千葉大学・沖津　進

　日本列島の高山はハイマツ群落が優占することが特徴で，相観的にはハイマツ帯と呼ばれる。本章では，まずハイマツ帯の気候条件について，ユーラシア大陸北東部での位置づけを明らかにする。それをふまえて，ハイマツ帯とその構成群落の生態地理を，北千島やカムチャツカ半島の植物群落と比較しながら検討する。具体的には北海道の中部に位置する大雪山のハイマツ帯を取りあげる。大雪山は日本でもっとも広くハイマツ帯が発達する山岳の1つで(沖津，1987)，また，日本列島内では北方に位置するために，ユーラシア大陸北方域の植生との関連が深い。

1. 大雪山におけるハイマツ帯の植物群落とハイマツ帯の成立機構

　大雪山のハイマツ帯(写真1)は森林限界以上(標高1600 m前後)から山頂部までのあいだに発達する。そこに分布する植物群落はハイマツ群落，風衝矮生低木群落，雪田植物群落に大別できる(沖津，1987)。ハイマツ群落はもっとも優占し，風衝地や風下側の雪の吹きだまり地以外を広くおおう。風衝矮生低木群落は，風上側風衝斜面の，ハイマツ群落がもはや完全には立地をおおえない場所に見られる植生で，ハイマツ群落とモザイク状の植生景観を構成する。キバナシャクナゲ・コケモモ・ガンコウラン・ウラシマツツジなどの矮生低木種が量的に多い(沖津，1987)。雪田植物群落はナガバキタアザミ・チシマノキンバイソウなどの大型草本やエゾノツガザクラ・アオノツ

38　第Ⅰ部　高山植物の起源

写真1　北海道大雪山のハイマツ帯。手前は五色ヶ原に広がるハイマツ群落。遠景はトムラウシ山。ハイマツ群落は斜面中・下部をおおい，風衝地には風衝矮生低木群落が広がる。

ガザクラなどの湿潤性矮生低木が主体の群落で，風下側斜面の，雪が吹きだまる立地に成立する。

　それらの標高別面積分布割合をみると(沖津，1984)，ハイマツ群落は森林限界以上標高1800 mまでは全面積の50％前後を占めて優占するが，1900 m以上では25％程度に低下する。風衝矮生低木群落は，ハイマツ群落とは逆に，標高の増加とともに面積割合が増加する。1600 mでは5％程度にすぎないが，2000 m以上になると65％に達する。一方，雪田植物群落は標高にかかわらず20％程度の分布割合を保っている。これは，地形的な積雪の吹きだまりが標高にかかわらず一定の割合で分布するためで，その意味では，この植物群落は積雪分布と密接にかかわりをもつ，一種の地形的群落といえる。

　以上のような植生的内容をもつハイマツ帯の成立機構は次のようである(沖津，1987)。ハイマツ帯は，ハイマツ群落の生産力などの面から温度的には森林帯の領域にある。高橋(1998)は大雪山北部東斜面の森林限界(標高1700 m)で気温観測を行ない，温量指数18.3℃・月という結果を得ている。

これは，北半球中緯度山岳の森林限界の温量指数 15℃·月を上回る。ハイマツ帯下限は温度的には高山帯(alpine zone)には達していないことがわかる。また，ハイマツ帯下限は必ずしも特定の温度条件に一致するわけではない。ハイマツ帯は，山岳上部の温度的森林領域のうち，冬季の強風・多雪条件や岩塊斜面の存在により森林の成立が妨げられている領域をハイマツ群落が埋めるようにして広がって成立している。相観的には鬱閉した森林帯の上方に低木群落の形で広がっているために，森林限界移行帯(timberline ecotone)ととらえることも可能であるが，実際には，ハイマツ群落は下方の森林を構成する樹木が低木化・矮生化したものではない。下方の森林帯とはつながりをもたない，独立した植生帯である。したがって，ハイマツ帯を森林限界移行帯ととらえることはできない。ハイマツ帯は，北半球中緯度山岳の植生垂直分布のなかには相当する植生帯はほかにはなく，独自の植生帯とみなせる。

一方，ハイマツ帯は北東アジアの植生水平分布との関連が深い。ハイマツ群落の分布の中心は東シベリアに広がるグイマツ-ハイマツ林にある。日本の山岳上部では，最終氷期以来の気候変化のなかで，この林のうちグイマツが欠落して，ハイマツ群落だけが残存，拡大したものである(沖津，1987)。したがって，ハイマツ帯に相当する植生帯としては東シベリアの低地に広がるグイマツ-ハイマツ林がもっとも近い。このことについては，気候分布から以下に詳しくみてゆこう。

2．ユーラシア大陸北東部の気候地域区分と優占群落の変化

ハイマツ帯はユーラシア大陸北東部の植生水平分布と関連が深いため，その気候地域や優占群落の変化を把握することがハイマツ帯の生態地理を考察する場合には重要となる。表1にユーラシア大陸北東部の気候地域区分と優占群落をまとめた。ハイマツ帯との比較では，北方林(northern boreal)サブゾーン(Tuhkanen, 1984)とその北側に分布する亜寒帯ツンドラ(subarctic tundra)サブゾーン(Aleksandrova, 1980)が検討の対象となる。北方林サブゾーンの北限は年平均生物気温* 3.25 で決められ(Tuhkanen, 1984)，亜寒帯サブゾーンはおもに種類組成によって決められている(Aleksandrova,

表1 ユーラシア大陸北部における亜寒帯ツンドラ(Aleksandrova, 1980) および北方林(Tuhkanen, 1984)サブゾーンでの，大陸中央部から東部沿岸域にかけての大陸－海洋セクターの主要分布地域とそれらの優占群落

セクター	主要地域	サブゾーン 北方林	サブゾーン 亜寒帯ツンドラ
C3	レナ川流域	グイマツ	Betula exilis Salix pulchra
C2	コリマ川流域	グイマツ	Betula exilis Salix pulchra
C1	コリマ丘陵	グイマツ ハイマツ	Betula exilis Salix pulchra
OC	コリャーク丘陵	グイマツ ハイマツ	Betula exilis Salix pulchra
O1	カムチャツカ半島	ダケカンバ ハイマツ ミヤマハンノキ	Betula exilis Salix sphenophylla
O2	千島列島	低木性ヒース植生 ハイマツ ミヤマハンノキ	——

セクターの境界は Tuhkanen(1984)の区分に従い，大陸度指数(Conrad, 1946)にもとづき，以下のように定める。O2：10〜20，O1：20〜35，OC：35〜80，C1：50〜65，C2：65〜80，C3：80以上

1980)。両者は異なる境界決定システムで決められているので境界は必ずしも一致しない。しかし，ユーラシア大陸北部における，北方に向かっての優占種の変化を読みとることはできよう。北方林サブゾーンでは，さらに，大陸中央部から東端のベーリング海・オホーツク海沿岸地域にかけて，気候の大陸度－海洋度の違いに応じて6つのセクター(C3〜O2：Tuhkanen, 1984)が区分される。各セクターの境界は Conrad(1946)の大陸度指数[*2] にもとづく(Tuhkanen, 1984)。大陸度が高いセクターは気温の年較差が大き

[39頁の注]*biotemperature。月平均気温0〜30℃までの気温を積算し，12で割ったもの。生物の活性にとって意味のある気温は0〜30℃のあいだにあり，それ以下でもそれ以上でも活性を失うという考えにもとづく(Holdridge, 1959)。
[*2]continentality index。最暖月と最寒月の気温差。ただし，高緯度地方ほど一般に気温差が大きい，つまり，夏は気温の緯度差が小さく，冬は気温の緯度差が大きいので，気温差を sin(緯度＋10°)で割ることによってその影響を補正し，さらに，値が0〜100のあいだに収まるようにそれぞれの係数を調整する。この値が大きいほど大陸度が高く，逆に小さいほど海洋度が高い。

く，夏季は高温になる．大陸度が低いセクターは気温の年較差が小さく，夏季は冷涼である．表1には各セクターの主要分布地域を示した．北方林サブゾーンでの各セクターの優占種は Tuhkanen(1984)の記述にもとづいた．一方，亜寒帯ツンドラサブゾーンについては，北方林サブゾーンのセクター区分を直接あてはめることはできない．Tuhkanen(1984)に記述がないうえに，寒帯(arctic zone)では年間を通じて寒涼な気候が卓越するので，大陸度‐海洋度の気候分化が明瞭ではなくなるためである．ここでの優占種は，Aleksandrova(1980)の記述にもとづき，筆者が記入した．

　ここに取りあげた亜寒帯ツンドラサブゾーンは，亜寒帯とはいっても寒帯に属し，そのもっとも南に位置する(Aleksandrova, 1980)．高木性樹種(*Larix*, *Picea*)を欠くかわりに極地性の矮生カバノキ類(*Betula nana*, *B. exilis* など)が優占することで北方林帯とは区別される．したがって，北方林サブゾーンとは基本的に異なる．垂直分布では真の高山帯(alpine zone)に相当する(Aleksandrova, 1980)．優占種をみると，大陸から沿岸地域にかけ矮生低木の *B. exilis* が共通して優占し，それにヤナギ類の *Salix pulchra* あるいは *S. sphenophylla* が加わる．優占種は地域間でほとんど違いがない．大陸度‐海洋度の地域的な差違が顕著ではないためであろう．このサブゾーンでは，冷涼な気候を反映して，高木性樹種のみならず，ハイマツやミヤマハンノキのような現存量が大きい低木群落を形成する樹種も現われない．

　一方，北方林サブゾーンでは大陸中央部から沿岸地域にかけて，優占種が変化する．大陸度の高いレナ川流域(C3セクター)やコリマ川流域(C2セクター)ではグイマツのみが優占種となるが，大陸度が弱まるコリマ丘陵(C1セクター)やコリャーク丘陵(OCセクター)ではそれにハイマツが加わるようになる．海洋度が高くなるカムチャツカ半島(O1セクター)ではダケカンバが優占し，ハイマツやミヤマハンノキが加わる．もっとも海洋度の高い千島列島(O2セクター)になると高木性樹木は分布しなくなり，そのかわりに低木性ヒース植生* が卓越し，ハイマツやミヤマハンノキも見られる．この

---

*treeless heaths。木本群落ではあるが，高木性樹木や大型低木ではなく，矮生低木種が主体の群落

ように，北方林サブゾーンでは，大陸度－海洋度の違いが優占種の分布に明瞭に反映する。したがって，このサブゾーンでの植生分布を考える場合，大陸度－海洋度の違いを十分に考慮することが必要となる。

　北方林サブゾーンで重要なことは，千島列島のように海洋度がきわめて高くなると高木性樹木がなくなり，かわりに低木性ヒース植生が卓越することである。千島列島の場合にはガンコウランが主体である(Tatewaki, 1957)。このことは，高木性樹木が欠落していても，そのことがただちに寒帯や高山帯を指標するものではないことを意味する。同様の状況は，きわめて海洋度が高いアリューシャン列島(Tuhkanen, 1984)でも見られる。そこでの優占群落は矮生低木のクロマメノキやガンコウランが主体の低木性ヒース植生であるが(Tatewaki and Kobayashi, 1934)，植生地域的にはいまだに寒帯には達していない(Hämet-Ahti, 1981; Tuhkanen, 1984)。温度環境的には，アリューシャン列島は真の寒帯と比べて太陽放射量が多い(Tuhkanen, 1984)。千島列島よりもさらに海洋度が高いスカンジナビア半島西海岸でも(O3セクター，大陸度指数10以下)やはり低木性ヒース植生が優占する(Tuhkanen, 1984)。そのほかにも，広い意味での北方林帯に属しながらも矮生低木群落(*Calluna vulgaris*, ガンコウラン, *Vacinium myrtillus*, *Kalmia angustifolia*)が優占する地域が，ユーラシア，北米大陸北方およびアラスカの沿岸地域でみられる(Hämet-Ahti, 1981)。

　以上の気候地域区分をふまえて大雪山のハイマツ帯を位置づけてみよう。亜寒帯ツンドラサブゾーンとの関係をみると，大雪山には *B. exilis* そのもの，あるいはそれと生態的に類似する矮生のカバノキ属植物は分布しない。したがって，大雪山のハイマツ帯は亜寒帯ツンドラサブゾーンには対比できない。このサブゾーンは垂直分布のうえでは真の高山帯に相当する(Aleksandrova, 1980)。このことから，大雪山のハイマツ帯は寒帯あるいは高山帯に相当するものではないと結論できる(沖津, 1987)。

　一方，大雪山のハイマツ帯は北方林サブゾーンとの関係が深い。このことを植物群落ごとにみてみよう。もっとも優占しているハイマツ群落についてみると，これは，グイマツ－ハイマツ林から，高木性のグイマツが非気温的条件，すなわち冬季の強風や多雪，あるいは岩塊斜面の存在で欠如した植生

とみなせる。グイマツ-ハイマツ林は北方林サブゾーンに現われるが，そのなかで大陸度が強いC3，C2セクターには分布しない。それよりも大陸度が弱いC1，OCセクターになって出現する。ハイマツそのものは，さらに海洋度の強いO1，O2セクターでも優占群落の一部を構成する。ハイマツ群落からみると，大雪山ハイマツ帯は，ユーラシア大陸北東部の北方林サブゾーンに相当し，そのなかでも海洋度が高い領域に位置づけられる。

　雪田植物群落は地形的な雪の吹きだまりに成立し，標高にかかわらずほぼ一定の面積割合で分布する。海洋性気候下の多雪条件では雪の吹きだまりができやすい。したがって，この植物群落が一定の面積割合で分布することは，大雪山のハイマツ帯が海洋度の高い領域に位置づけられることを支持している。

　大雪山のハイマツ帯には，さらに，風衝矮生低木群落が分布する。北方林サブゾーンでは，海洋度がきわめて高い千島列島(O2セクター)には低木性ヒース植生が分布している。大陸度-海洋度の気候傾度のなかで植生分布を考える場合，この低木性ヒース植生は無視できない存在である。大雪山のハイマツ帯の位置づけを考える場合，風衝矮生低木群落と低木性ヒース植生との関係を検討することは重要である。そこで，この点について次に詳しくみてゆこう。

3. 大雪山と千島列島での風衝矮生低木群落の種類組成比較

　大雪山の風衝矮生低木群落と千島列島に分布する低木性ヒース植生との関係を検討する場合，亜寒帯ツンドラサブゾーンに発達する矮生の *B. exilis* - *Salix* 類群落との違いをも視野にいれることが望ましい。ここでは，大雪山および千島列島の風衝矮生低木群落に加えて，カムチャツカ半島の高山ツンドラ植生の構成種を相互比較する(表2)。カムチャツカ半島の高山ツンドラ植生が亜寒帯ツンドラサブゾーンの *B. exilis* - *S. sphenophylla* 群落に相当することはすでに報告した(沖津，1996)。

　大雪山では，北部の小泉岳，白雪岳付近から中部の高根ヶ原，さらに南部の化雲岳，トムラウシ岳周辺の風衝矮生低木群落を対象としている(沖津，

表2 風衝矮生低木・草本群落の組成比較。数字は出現頻度(%)。北海道大雪山(50調査区；沖津，1987)，北千島パラムシル島エベコ山(54調査区；沖津，1998)の風衝矮生低木・草本群落，カムチャツカ半島中部ダリナヤ-プロスカヤ山の高山ツンドラ植生(30調査区；沖津，1996)を対象とした。それぞれで出現頻度40%以上の種を取りあげた。

種	北海道大雪山	北千島パラムシル島	カムチャツカ半島中部ダリナヤ-プロスカヤ山
ミネズオウ	46	83	7
ガンコウラン	44	89	30
クロマメノキ	42	28	83
コケモモ	42	7	30
キバナシャクナゲ	40	35	3
シラネニンジン	20	41	3
イワヒゲ	18	61	17
ムカゴトラノオ	18	2	77
ミヤマコウボウ	16	3	53
ミヤマノガリヤス	12	80	27
イブキトラノオ	8	4	47
コメバツガザクラ	42	81	0
エゾツツジ	22	41	0
ミヤマヌカボ	2	43	0
ウラシマツツジ	48	0	40
イワウメ	54	0	17
キバナシオガマ	12	0	50
Oxytropis revoluta	0	48	0
Salix arctica	0	41	17
Carex koraginensis	0	37	70
カラフトゲンゲ	0	0	100
Oxytropis erecta	0	0	83
Betula exilis	0	0	80
タカネカラマツ	0	0	77
Festuca altaica	0	0	67
Anemone sibirica	0	0	60
Saussurea pseudo-tilesii	0	0	60
Salix sphenophylla	0	0	57
ワレモコウ	0	0	57
Poa malacantha	0	0	53
Salix chamissonis	0	0	43
Salix reticulata	0	0	43

注) 数字が0の場合でも，調査データ中では出現しないことを示すだけで，その地域にまったく分布しないことを必ずしも意味しない。

1987の資料にもとづく)。カムチャツカ半島の高山ツンドラ植生は，半島中部のダリナヤ-プロスカヤ山西斜面の森林限界付近，標高950〜1000mに分布する群落を対象としている(沖津，1996の資料にもとづく)。詳しい状況についてはそれぞれの文献を参照されたい。千島列島の風衝矮生低木群落については，北千島パラムシル島エベコ山(標高1115m)での調査資料を使用した。エベコ山はパラムシル島セベロクリルスク(標高5m)の西側8km

写真 2 北千島パラムシル島エベコ山中腹斜面(標高 400 m 付近)に広がる風衝矮生低木群落。遠景の山岳はカムチャツカ半島南端部，右手に海を隔ててシュムシュ島が見える。

にそびえる火山で，山麓から山頂まで比較的なだらかな斜面が続く(写真 2)。風衝矮生低木群落は山麓部標高 20 m 付近から斜面中部標高 550 m 付近までに広く分布し，エベコ山でのもっとも代表的な植物群落である。標高 550 m 以上は植被がまばらになり，標高 800 m 以上になると，チシマクモマグサなどがわずかに散在するだけで，植物はほとんど見られない。パラムシル島にはタケカンバはまったく分布せず，大型木本群落としてはハイマツおよびミヤマハンノキ低木林が標高 450 m 付近にまで分布するのみである。セベロクリルスクに面した東斜面の標高 20〜500 m において，風衝矮生低木群落を対象として 54 カ所で組成調査を行なった(沖津，1998)。

表 2 では，対象とした 3 地域のうちいずれか 1 地域でも出現頻度 40% を超えた種を取りあげた。全体で 32 種である。表中の 0 は今回の調査資料では現われなかったことを示すだけで，必ずしもそこにまったく分布していないことを意味するわけではない。3 地域すべてに共通して出現した種はミネズオウ・ガンコウラン・クロマメノキなど 11 種，大雪山と北千島に共通するものはコメバツガザクラなど 3 種，大雪山とカムチャツカ半島に共通するものはウラシマツツジなど 3 種である。大雪山のみに出現する種は表中にはない。大雪山に出現する 17 種のうち北千島と共通するものは 14 種，カム

チャツカ半島と共通するものもやはり14種で，表2の範囲では，種類数をみる限り大雪山と，北千島，カムチャツカ半島間での共通性の違いはない。

　しかし，出現頻度にもとづく優占種の比較では大雪山と北千島，カムチャツカ半島間で違いがみられる。大雪山で出現頻度40％を超える種は，イワウメ・ウラシマツツジ・ミネズオウ・ガンコウラン・コメバツガザクラ・クロマメノキ・コケモモ・キバナシャクナゲの8種で，いずれも矮生低木種である。これらが大雪山の風衝矮生低木群落の主体をなす。大雪山で出現頻度が高い種について，北千島とカムチャツカ半島とで出現頻度を比べると，北千島での出現頻度が高い種の方が多い。ミネズオウ・ガンコウラン・キバナシャクナゲ・チシマニンジン・コメバツガザクラ・エゾツツジなどである。一方，カムチャツカ半島の方が出現頻度が高い種はクロマメノキ・ウラシマツツジ・イワウメなどしかない。北千島で出現頻度が高い種（ガンコウラン・ミネズオウ・コメバツガザクラ・ミヤマノガリヤスなど）についても，カムチャツカ半島よりも大雪山での出現頻度が高い種の方が多い。

　出現頻度にもとづく優占種の比較では，大雪山の風衝矮生低木群落と北千島の低木性ヒース植生とは，矮生低木主体という相観のみならず，構成する植物の組成そのものについても共通性がきわめて高いことがわかる。大雪山の風衝矮生低木群落は，北方林サブゾーンのなかで，海洋度がきわめて強い領域に発達する低木性ヒース植生に相当する。このことは，大雪山のハイマツ帯が北方林サブゾーンに位置し，そのなかで海洋度が強い領域にあることを裏づけている。

　一方，カムチャツカ半島の高山ツンドラ植生は（写真3），優占種の比較では，大雪山および北千島の風衝矮生低木群落とは組成があまり類似しない。カムチャツカ半島にのみ出現する種は表2で12種にのぼる。出現頻度が70％以上の種はカラフトゲンゲ・クロマメノキ・*Oxitropis erecta*・*B. exilis*・ムカゴトラノオ・タカネカラマツ・*Carex koraginensis* の7種で，クロマメノキ以外は大雪山・北千島においてともに出現頻度が低いかもしくは分布しない。出現頻度50％以上の種は15種記されているが，そのうち10種はカムチャツカ半島のみに見られる。そのなかには *B. exilis* や *S. sphenophylla* のように，亜寒帯ツンドラサブゾーンの優占種としてあげられている

ものも含まれる。カムチャツカ半島の高山ツンドラ植生は亜寒帯ツンドラサブゾーンを代表するもので，北方林サブゾーンのなかで海洋度が高い地域に広がる低木性ヒース植生とは異なるものである。

カムチャツカ半島ダリナヤ-プロスカヤ山の高山ツンドラ植生が亜寒帯ツンドラサブゾーンの植生と共通性が高いことを検証するために，構成種117種についてそれらの地理分布を検討した(沖津，1996)。その結果，スタノボイ・チュコト・アラスカの3地域で共通種が多く，117種のうちそれぞれ70種，72種および81種に達する。これらの地域はいずれも亜寒帯ツンドラサブゾーンに属している(Aleksandrova, 1980)。一方，中部千島とは43種，大雪山とは35種が共通しているが，上述3地域の共通種数と比べるとかなり少ない。以上のように，ダリナヤ-プロスカヤ山の高山ツンドラ植生を構成する植物は，北方に位置するベーリング海峡地域に分布を広げている種群のうち，カムチャツカ半島にまで南下した植物群が主体である。ベーリング海峡周辺地域は寒帯および亜寒帯ツンドラサブゾーンに属し，極地，高山植物の分布拡大の1つの拠点である(Hultén, 1937)。

写真3 カムチャツカ半島中部ダリナヤ-プロスカヤ山中腹(標高1000m付近)の高山ツンドラ植生。遠景はクリュチェフスカヤ火山群。

4. ハイマツ帯の生態地理

　ユーラシア大陸北東部の気候地域区分をふまえたうえで，ハイマツ群落や風衝矮生低木群落の分布から大雪山のハイマツ帯を生態地理的に位置づけると，北方林サブゾーンに属し，極端な大陸気候ではなく，海洋度が高い領域に広がっているといえる。より北方の亜寒帯ツンドラサブゾーンの植生帯ではない。ハイマツ帯は，日本列島では山岳の最上部に現われ，ときに〝高山帯〟とも呼ばれるが，気候地域区分からみると，ユーラシア大陸北東部の水平植生帯と関連が深く，垂直植生帯には類似のものがない。

　大雪山では冬季の強風と多雪が，高木を排除するとともにハイマツ群落，風衝矮生低木群落，雪田植物群落の分布を支配し，ハイマツ帯の植生景観をつくりだしている。大雪山のハイマツ帯は海洋度が高い領域に広がっているが，それは，大陸度－海洋度の違いをもたらす夏の気温ではなく，冬季の強風，多雪がうみだしたものといえる。そのために，水平分布では大陸側と海洋側のセクターに分かれているグイマツ－ハイマツ林(C1，OC)と低木性ヒース植生(O2)が，地形分布のすみわけを通じて共存しているのであろう。

　大雪山の風衝矮生低木群落と千島列島の低木性ヒース植生とは相観のみならず組成的にも類似する。これは気候条件だけでは説明できない。組成そのものが類似することは，大雪山の植物にとって千島列島が移動経路として重要であることを示している。ダリナヤ－プロスカヤ山の高山ツンドラ構成種のうち，大雪山に分布する35種中27種は中部千島にも分布する(沖津，1996)。このことは，大雪山の植物相の成立過程で，北方からの移動経路として千島列島が重要な位置を占めることを示唆する。フロラの解析からも同様の結論が得られている(Hultén, 1933)。大雪山の植物の分布型を検討した佐藤(1993)によれば，大雪山ではアジア要素(サハリンや千島，ヒマラヤと共通分布する種)の割合が高い。このことは，大雪山では，千島列島など，近隣の海洋度が高い領域で構成種の交流が行なわれていることを示唆する。

　ただし，大雪山には真の高山帯に分布する群落も断片的ながら現われる。エゾマメヤナギ－チョウノスケソウ群落(沖津，1987)がそれで，おもな構成

種はエゾマメヤナギ・チョウノスケソウ・エゾオヤマノエンドウ・エゾハハコヨモギ・トウヤクリンドウなどである。構成種には周極分布する極地ツンドラ(arctic tundra)要素も含む(沖津, 1987)。大雪山では, 積雪や植生など地表面付近の気温支配要因の違いにより, 気温的な高山帯が出現することもある(髙橋, 1998)。このような局地的な高山帯環境が高山帯群落の分布立地になっているのであろう。

第 II 部

高山環境と植物の分布

"高山環境"と聞くと，ひじょうに過酷な環境という漠然としたイメージがある．その厳しい自然環境と美しい高山植物の花々のコントラストが多くの人を高山に惹きつける理由の1つでもあろう．私たち低地に暮らす人間が高山環境に対してもつ一般的な印象として，気温が低い，空気が希薄だ，雪が多い，夏が短いなどがある．しかし，このような人間にとって厳しい環境は，植物たちにとってもやはり厳しい環境なのだろうか？　もしそうならば，なぜそのような厳しい環境にのみ生育している高山植物のようなグループが存在しているのだろうか？　いわゆる高山帯の特徴としてまずあげられるのは，森林がないということである．独立栄養生物である植物は，光合成によって空気中の二酸化炭素を固定して有機物を合成する．森林は太陽エネルギーを地表から高いところで吸収してしまい，林床に到達できる光はごくわずかである．低地の植物たちは限られた太陽エネルギーを求めて競争している．ところが気候的制約によって背の高い植物が生育できない高山帯では，光をめぐる種間競争はそれほど激しくはない．非生物的な環境要因が生物間の競争を上まわっているのである．それでは高山環境で植物の分布を規定している要因は何なのか？　高山環境では生物的な要因は本当に重要ではないのか？　そもそも高山帯の上限と下限はどのように規定されているのか？　第II部ではこのような疑問に対する取りくみを紹介する．

　第4章では，なぜ森林が高山環境に侵入できないのか，すなわち森林限界の決定メカニズムについて，樹木の生理学的特性と生育環境との関連で説明する．

　第5章では，さまざまな高山植物群落のタイプをつくりだす環境要因について，積雪・地形・地質・斜面安定性・温度・土壌水分などに着目し，高山生態系の多様性を生みだす環境要因について概説する．

　第6章では，日本の高山植生を特徴づけるハイマツに着目し，どうして日本の高山でこれほどハイマツが優占できたのかを環境要因との関連で説明していく．さらに，種子散布者として機能するホシガラスとの関連についても触れる．

　第7章では，私たちにはなじみの薄い熱帯高山帯の決定要因について，気温や氷河の分布との関連について紹介する．強風と豪雪によって特徴づけられる日本の高山帯との対比により，高山環境への理解がより深まるであろう．

第4章 森林限界のなりたち

東邦大学・丸田恵美子

　亜高山帯針葉樹林は，標高があがるにつれて，基本的な森林の構造を保つための更新動態の維持が困難になっていく。その上限が森林限界である。森林限界のなりたちを考えることは，高山帯の環境を逆の立場から考えることでもある。森林限界を越えた高山帯では，なぜ高木の生育が阻まれるのだろうか。

1. 森林限界

　植生を巨視的なスケールでとらえたとき，水平・垂直的な森林限界は吉良の温量指数(WI)15度・月の線に一致することはよく知られている。東アジアでは，湿潤気候のために熱帯から亜寒帯まで連続して森林が成立しているので，森林の垂直分布の緯度的変化をみることができる(大沢，1993)。それによると，熱帯地方の0～北緯20度での森林限界は常緑広葉樹からなり，北緯20度以北では常緑針葉樹からなっているが，これらの生活型の違いにもかかわらず，共通して温量指数15度・月に相当する高度が森林が成立する限界となっている。温量指数は，生育期間に可能な生産量の指標とみなせるので，森林の分布を規定しているのは，森林の大きな現存量を支えるのに必要な生産量を保証する温度環境であるということができる。

2. 森林限界移行帯

多くの場合，森林は突然途切れるわけではなく，移行帯をへて高山帯にいたる(Tranquillini, 1979)。うっ閉した亜高山帯針葉樹林は，森林限界を越えて標高があがるにつれて，密度も樹高も低下し，偏形化し，やがて高木限界(tree limit)に達する。樹木はもはや幹を上方に伸長させることができず，矮生木化して散在する。矮生木が生育する限界(krummholz limit)を越えると高山帯である。このような亜高山帯から高山帯への森林限界移行帯(timberline ecotone)は，北米・ロッキー山脈やヨーロッパ・アルプスで見られ，一般に森林構成樹種と移行帯の樹種とは共通で，トウヒ属・モミ属・マツ属などからなる。森林限界移行帯では景観からも，高山の厳しい環境が樹木の生育を制限しているようすをみてとることができる。その厳しい環境の実体について，日本の山を例にとって考えていきたい。

3. 日本の森林限界

日本の中部山岳以北の森林限界の特徴として，沖津(1984, 1985)は，次の2点を指摘している。
(1)日本では，北アメリカやヨーロッパで顕著な移行帯の存在がほとんど認められず，森林からハイマツ帯へと急激に移行する。
(2)森林限界の標高は，北米やヨーロッパの山岳に比べて低く，温量指数15度・月に相当する標高よりも低い位置にある。山頂からの比高が200〜500mの範囲では，温量的には森林の成立が可能であっても，強風や多雪によって森林が排除され，この空白域にハイマツ帯が成立している。

日本の山岳が十分な高さをもたないために，温量指数15度・月に相当する標高が，山頂や稜線付近の特殊な気象条件が支配する範囲にはいっており，森林の成立が阻まれていると考えられる。さらに，日本の山岳は世界でも有数の多雪地であることや，高い葉群密度をもち，伏状更新することで占有能力の高い(梶本, 1995)低木のハイマツが高山帯に発達していることも，これ

らの特異な森林限界の形成にかかわっていると思われる。これらの条件に対する唯一の例外は，十分な標高(3776 m)をもち，ハイマツが分布しない富士山である。そこで，富士山と，日本の森林限界の典型を示す乗鞍岳とで，森林限界のなりたちを詳しくみていくことにする。

4. 富士山の森林限界

　富士山の森林限界は，落葉針葉樹のカラマツからなる。西側斜面での森林限界は標高 2800 m に達しており，そこでの温量指数は 15 度・月に近い(岡，1992)。このことは日本でも山岳が十分な標高をもてば，森林限界は温量指数 15 度・月の線に一致しうることを示している。最近の噴火は，1707 年に起きており，南東斜面に宝永火口(2693 m)を形成した。この火口に近い南斜面では，植生は回復途上にあって，現在 2400 m 付近にある森林限界は，将来は西側斜面と同じ 2800 m までは上昇するものと予想される。したがって，現在の森林限界のなりたちを調べることは，森林が上昇する過程や，移行帯が形成されるメカニズムを跡づけ，予測することにつながると期待される。

　この南斜面では，幅 150〜200 m にわたって森林限界移行帯が認められる(写真 1)。この移行帯のなかのカラマツは，その偏形化の程度によって 5 種の樹型タイプに分類できる(図 1)。この移行帯のなかでは図 2 に示すように，上端から下方へ向かって，(1)矮生型→(2)立ちあがり型→(3)ハタ型の順に分布し，樹高も密度も増加していく。そして移行帯下部では，(4)先端対称型と(5)全体対称型のみが分布する。樹型タイプ(2)・(3)・(4)では，現在では幹が上方へ向かって伸長しているが，下枝の伸び方から，過去に矮生型であった時代があることがわかる(図 1)。これらの樹型タイプでは，成長の初期にある期間にわたって矮生型をとった後に，上への伸長を開始しているのである。このような樹型の成因を知るために，(1)矮生樹型はどのように形成されたのか，(2)上方への伸長はどのように開始されるのか，について調べた。

　富士山は独立峰であるために，冬季には季節風が大変強い。また，太平洋型気候のため冬季の積雪量は少なく，厳冬期でもほとんど積雪がない年も

写真1　富士山のカラマツからなる森林限界移行帯のようす(標高2500 m付近)

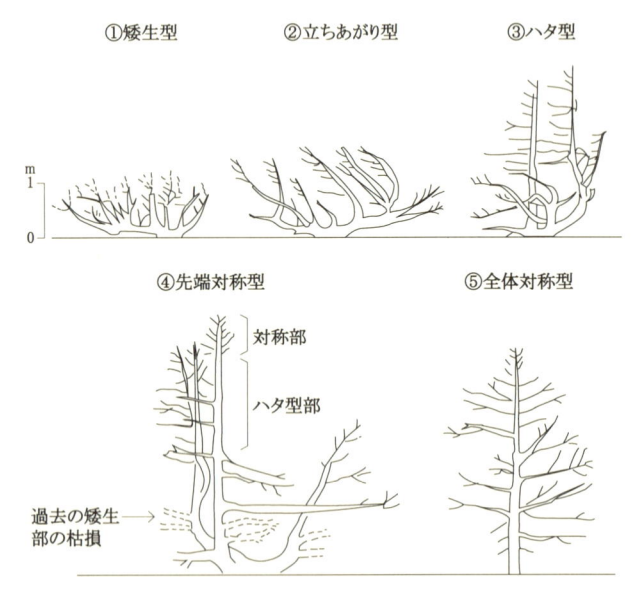

図1　森林限界移行帯内のカラマツの樹型タイプ(丸田, 1996)

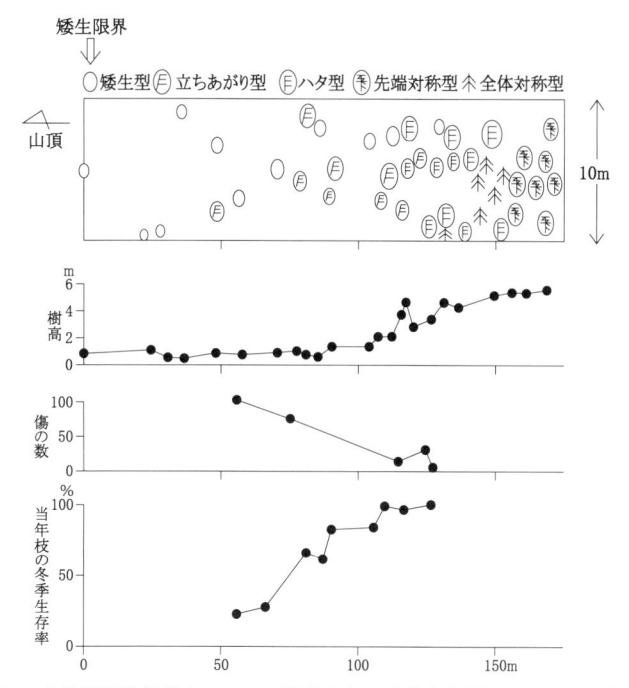

図2 森林限界移行帯における樹型分布と環境変化(丸田, 1996)。傷の数はペンキ板(12×12 cm)あたりの個数、生存率は1本のカラマツの当年枝についての越冬中の値として示す。

あって、細かい火山礫(砂礫)が、北西季節風によって山頂側から吹きつけ、移行帯上端の矮生型カラマツの樹皮を傷つける(図3A)。この傷口からは水分が失われるが、土壌が凍結しているために、失われた水分を補充できずに含水量は低下し、カラマツの枝は春までに乾燥枯死してしまう(図3B)。カラマツが上に枝を伸ばしても、数年に一度はこのような損傷をいっせいにうけるので、矮生木化してしまうのである。砂礫は矮生型カラマツに捉えられて、下方まで運ばれることはない。そのため、矮生木よりも下方に分布する立ちあがり型カラマツでは、冬季も砂礫の飛散から保護されるので、樹皮が傷つけられることもなく、枝の乾燥枯死も生じない(図3B)ので、上への幹の伸長が可能となるのである。移行帯のなかでは下方に向かって環境が緩和されていくのに対応して、幹の偏形化の程度が軽い樹型タイプへと変化して

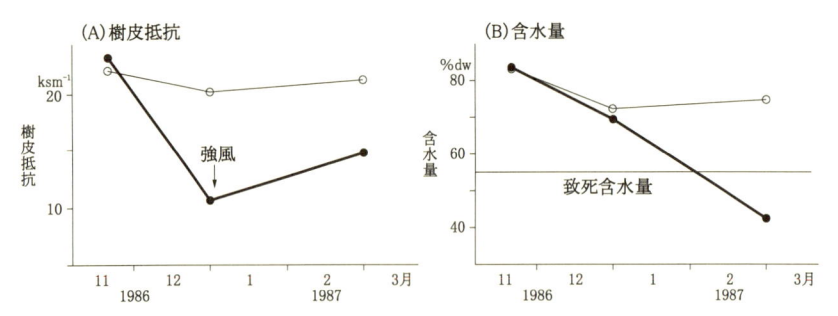

58　第II部　高山環境と植物の分布

図3　森林限界移行帯上部のカラマツの当年枝の水分状態 (Maruta, 1996 より改変)。枝の柔組織に含まれる水分が、水蒸気として外部に拡散してしまうのを、樹皮とその表面のワックス層が防いでいる。その防護効果は樹皮抵抗として定量化される。●：矮生型、○：立ちあがり型

いくようすが図3からわかる。ペンキを塗った板 (12×20 cm) をカラマツの枝に取りつけて、冬季についた傷の数を調べると、矮生木カラマツ付近では傷の数は多いが、ハタ型カラマツまで下ると傷の数はごく少なくなる。これに並行して、カラマツの当年枝の冬季における生存率も高まる。このように、移行帯の上端の矮生型カラマツは、冬季に強い季節風を直接にうけて幹の伸長はできないが、自身で風を弱める働きをすることで、下方に分布しているカラマツの伸長を助けているのである。移行帯の下部にのみ出現する先端対称型カラマツには、これらの環境の変化が、一本の木の成長の歴史となって刻まれている (図4)。成長の初期には長い期間にわたって矮生木の時代があったが、ある時期に幹が上への伸長を始めてからは、順調な伸長成長を続けている。幹が上への伸長成長を始めてから20年間ほどは、ハタ型樹型を呈していたが、最近では幹の偏形化は生じてはおらず、環境のストレスをうけていない。一方、やはり移行帯の下部に分布する全体対称型カラマツでは、樹齢が若く、成長の初期から順調に伸長成長をして偏形化も見られない (図4)。この両者の違いからいえることは、移行帯下部の現在の環境は樹木の成長を抑制するものではないが、先端対称型カラマツが定着したころには、矮生木しか生育できない苛酷なものであったということである。

以上の結果から、カラマツの移行帯の形成過程を次のように跡づけることができる。

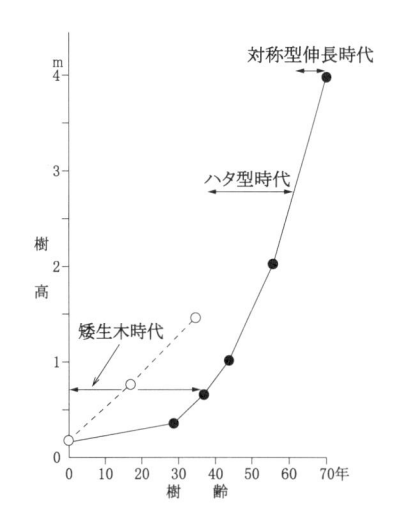

図4 カラマツの成長過程(丸田, 1996)。
●：先端対称型，○：全体対称型

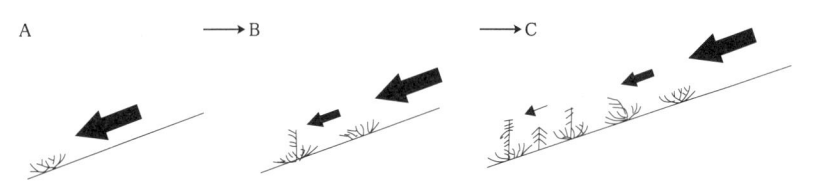

図5 森林限界移行帯の形成過程を示す模式図(丸田, 1996)

(1)まず矮生型カラマツが定着する(図5 A)。
(2)その山頂側に新たな矮生型カラマツが定着すると，そのために風が弱まり，やがて幹が立ちあがり始める(図5 B)。
(3)山頂側のカラマツが増えるにつれて，環境はよりいっそう緩和されて幹の伸長がすすみ，偏型化も軽減する(図5 C)。

将来にかけてもこれを繰り返しながら，カラマツの移行帯は温量指数が許す限り上昇を続けるであろう。温量に制限された標高で安定している森林限界移行帯は，このような過程をへて形成されたものであろう。一見，単に環境の厳しさを反映しているだけにみえる移行帯であるが，環境と樹木との作用‐反作用の繰りかえしで形成され，平衡を保っている動的なものなのである。

5. 乗鞍岳の森林限界

　北アルプスの南端に位置する乗鞍岳(3026 m)の森林限界は，富士山とは対照的に日本の典型的な森林限界の特徴をそなえている。乗鞍岳で温量指数15度・月に対応する標高は2883 mと推定される(岡，1991)が，実際の森林限界は約2500 mにあって，このあいだにハイマツ帯が発達している。オオシラビソからなる亜高山帯針葉樹林とハイマツ帯との境界には，わずかながら移行帯が認められる。東斜面の標高2600 m付近では，樹高1.5〜2 mほどのハイマツのなかに，樹高3〜6 mのオオシラビソが点在しており，ここが高木限界である(写真2)。ここではオオシラビソの偏形化がいちじるしく(写真2)，環境ストレスにさらされているようすが見てとれる。標高が低くなるにつれて，偏形化の程度はしだいに軽減し，密度も樹高も増し，森林限界にいたると正常な樹型をもつオオシラビソのうっ閉した森林となる。富士山の森林限界のなりたちにおいて示したように，ここでも移行帯上端の樹木が環境を緩和する役目をして森林の成立を助けているとみなすことができる。

　高木限界では，オオシラビソとハイマツが混生している(写真2)。オオシラビソの幹は，高さ約2 m以上では，枯枝が多く，葉量も少なく，偏形化しているが，2 m以下では側枝がよく発達して葉面積指数(LAI)が3.5〜4.5の葉層を形成している(写真2)。この付近の冬季の積雪深は2.3〜2.5 mなので，積雪面から上のシュートは，冬季に何らかの環境ストレスの作用で損傷をうけて偏形化しているものと推定される。シュートの損傷の原因は，(1)乾燥枯死，(2)強光による損傷の2つがあることがわかってきた(図6)。

　なお，一般に"山頂効果"といわれる現象は，このような環境ストレスに起因するものと考えられる。

乾燥枯死
　乗鞍岳では，日本海型気候のため積雪が多いことと，高木限界を越えてもハイマツ群落が発達して土壌を安定化させているために，富士山で見られたような樹木の激しい損傷をともなう砂礫の飛散はない。そのため，富士山の

写真2 乗鞍岳の高木限界(標高2500 m付近)。上:夏のようす。オオシラビソとハイマツが混生している。下:4月上旬のようす。このときの積雪深は2.3〜2.5 mほどで,ハイマツは埋まっている。

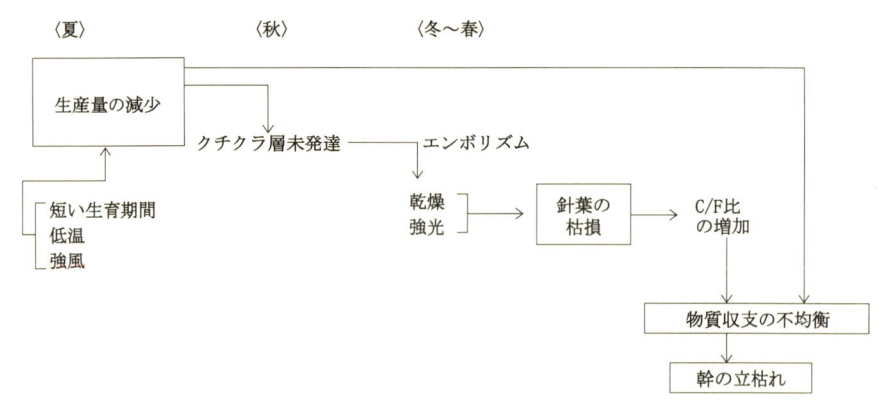

62　第II部　高山環境と植物の分布

図6　乗鞍岳の高木限界でのオオシラビソに対する環境ストレスの作用を推定する模式図。図中のC/F比は非同化器官と同化器官の重量比を示す。

矮生化したカラマツで生じたようないっせい枯損はみられず，別のメカニズムで乾燥枯死がひき起こされている。一般に葉における気孔蒸散はクチクラ蒸散に比べていちじるしく多い。そこで，亜高山帯の常緑針葉樹は，凍結した土壌から水分を吸収できない冬季には，気孔を閉じて気孔蒸散を停止させ，さらにクチクラ層を厚く発達させて，クチクラ蒸散も最小限にとどめることで，針葉の乾燥を防いでいる。しかし高木限界では，短い生育期間や強風，低温などのために十分な成長が行なえず，冬を迎えても針葉のクチクラ層の発達は完全ではない(Tranquillini, 1979)。そのため，積雪の保護がないと冬季においても常緑葉では，かなりのクチクラ蒸散が続く。土壌からの吸水が止まっているので，クチクラ蒸散で失われた水分は，幹や枝に含まれる水分のみによって補充される。そのため枝の含水量は冬季には徐々に減少し続け，4月上旬までにいちじるしく低下する(図7)。さらに，この時期には枝に含まれる水分は，凍結・融解を繰りかえすので，木部の通水が阻害(エンボリズム)されやすい(丸田・中野，1999)。阻害の程度によっては，その部位から先のシュートへは水分が供給されず，やがては乾燥枯死する。4月にはいると，長さ10〜30 cmほどのシュート全体が，褐変するようすが見られる。これは，通水阻害によって乾燥枯死したものと考えられ，1本の幹あたりで1〜数本程度の頻度で起きている。なお，積雪に保護されて越冬する

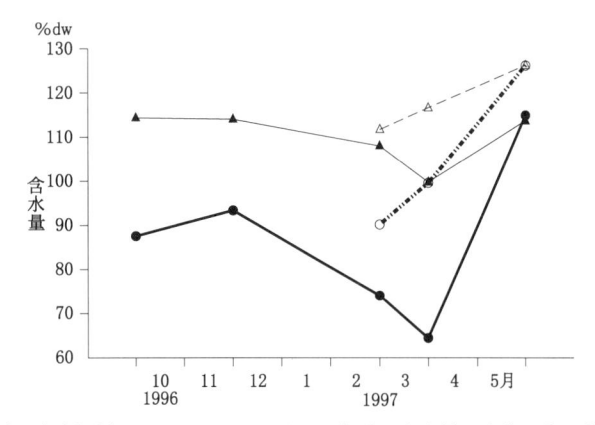

図7 乗鞍岳の高木限界におけるオオシラビソの冬季の含水量の変化。●：積雪面から上の枝，▲：積雪面から上の針葉，○：積雪面下の枝，△：積雪面下の針葉

下枝では，冬から春にかけても枝の含水量が減少することはなく(図7)，枯損も見られない。

強光による損傷

　高木限界の積雪面から上の針葉は，4月になるといっせいに裏面が褐変し，この程度が進むと落葉するものもある。褐変化の原因は，針葉の裏面が雪面からの反射光を浴びて，強光による損傷をうけたものと推定される(丸田・中野，1999)。強光は，活発な光合成にとっては必要なものであるが，一方では炭酸同化能力が低下しているときに強光をうけると，過剰なエネルギーによってチラコイド膜などに損傷が生じる危険性をあわせもつ。春先の森林限界は，低温によって炭酸同化が行なえない一方で，太陽高度が高まって日射が強くなるので，強光による損傷をうけやすい条件がそろっている。しかし一般に亜高山帯や亜寒帯の常緑針葉樹は，強光に対する防御メカニズムをそなえており，損傷をうけることはないといわれている。乗鞍岳の高木限界のオオシラビソでも，針葉の表側では異常はないので，強光に対する防御メカニズムを獲得していると考えられる。針葉の裏面は生育期間中に強光をうける機会はないので，防御メカニズムがそなわっておらず，強光に対する感受性が高いのであろう。偏形化していない常緑針葉樹は円錐形の樹型をもつ

ので，通常は針葉の裏面が雪面からの反射光をうけることはない。高木限界で，写真2のように偏形化しているために枝がまばらで，雪面からの反射光を針葉の裏面がうけてしまうのである。オオシラビソのシュートは越冬するごとに，裏面の針葉が枯損するので，シュートの寿命は4～5年である。積雪下で保護されて越冬するシュートの寿命は10～11年あるので，寿命が半分に短縮されたことになる。一般に常緑針葉樹は標高が高くなると，短い生育期間による生産力の低下を補うかたちで針葉の寿命が長くなる(Ewers and Schmid, 1981)。ところが，ここでは逆に短縮されたことで，いっそう生産量の低下を招くことになる。

このように高木限界のオオシラビソは，越冬時に積雪の保護がないと〝乾燥ストレス〟と〝強光ストレス〟によって針葉が枯死しやすく，寿命が低下する。短い生育期間中に強風や低温条件にさらされて年間の生産量が低いことに加えて，針葉の寿命が低下することで，積雪面から上の幹での生産量はいちじるしく低いものと予想される。やがては，物質収支のバランスを崩し，幹全体の枯損にいたることもあるだろう(図6)。高木限界では積雪面から上の幹全体が枯損して白骨化しているオオシラビソが目につくが(写真3)，これは，このような過程をへて枯損したものであろう。高木限界のオオシラビソにとって積雪面から上の環境は生存の限界なのである。一方，積雪面に相当する2.0～2.5m以下では，オオシラビソの側枝はストレスをうけずに順調に伸長しており，オオシラビソの生産の担い手は，積雪面下の部位にあるといえよう。ここではハイマツもまた，葉面積指数が4程度の葉層を形成してオオシラビソと混生している。ハイマツは，葉群の空間構造や光合成特性において，森林に匹敵する生産力をもちうる(梶本，1995)。したがって，高さ2.0～2.5m以下では，ハイマツ群落とオオシラビソの下枝葉層とが競合関係にあると考えられる。なお，乗鞍岳の高木限界での観察によると，ハイマツのシュートは通常の雪どけ(5～6月)よりも早い3月に積雪面上にでると，ただちに褐変枯死する(写真4)。冬季にクチクラ蒸散しか行なっていないシュートが，短時間で致死含水量にいたるまで乾燥するとは考えられないので，ハイマツもまた強光による阻害をうけたものと推察される。このように，ハイマツは積雪の保護なしには生存できない樹木なのである。

第 4 章　森林限界のなりたち　　65

写真 3　乗鞍岳の高木限界においてオオシラビソの幹が立枯れているようす

写真 4　乗鞍岳の高木限界において，3 月に積雪面からでたハイマツのシュートが枯損しているようす。標高 2500 m 付近で 4 月上旬に撮影したもの。

6. 気候変化と森林限界

　沖津(1991)は，最終氷期には，現在のハイマツ帯領域には真の高山帯が発達しており，その下方は森林限界移行帯をはさんで森林帯となっていて，ハイマツは森林限界付近に局所的に分布していたと推定している。そして，後氷期の気温上昇にともなってハイマツは分布を広げてハイマツ帯を形成したとみなしている。最終氷期に下降していた亜高山帯針葉樹林とハイマツとが，後氷期に上昇するようすを，富士山でのカラマツでの例にならって，跡づけてみよう。

　後氷期の温暖化と多雪化にともなって，森林は移行帯を先頭に上昇を開始したであろう。その際，陽樹であるハイマツが先に移行帯を占有し環境を緩和した後に，亜高山帯樹種が続いたはずである。ハイマツ群落のなかでは，他種の侵入に対する排除機構(梶本，1995)のために，オオシラビソの矮生木は生育できず，北米，ヨーロッパや富士山で見られるような同一種による移行帯が形成されなかったのであろう。そして，温量的にはまだ十分に低い標高であっても，オオシラビソとハイマツとが平衡に達したところでオオシラビソの高木限界が決定されたのであろう。多雪という環境のもとで成立できたハイマツ帯は，環境を緩和し森林の成立を助ける働きをもっていることから，機能的には移行帯の矮生木と同等であるといえるだろう。

　今後予想される地球温暖化はどのような影響を及ぼすだろうか。約6300年前の温暖期には山の垂直分布帯は上昇し，その際，オオシラビソは追いあげられ標高の低い山では消滅したが，ハイマツは山頂付近に残存したと考えられている(梶，1982)。追いあげられたオオシラビソは，いわゆる〝山頂効果〟の及ぶ標高にいたると，環境ストレスの影響を強くうけて消滅したが，低木であるハイマツはおそらく積雪の保護のもとに残存したのだろう。しかし，今後危惧される地球温暖化の際に，同時に少雪化が進めば，亜高山性樹種ばかりかハイマツ帯も消滅し，風衝地の高山植物群落のみが残されると予想される。

高山植物群落と立地環境

第5章

北海道大学・渡辺悌二

　高山帯にひろがる植物群落景観は一般にモザイク模様をしているが，日本の高山植物群落の分布パターンは，世界的にみてもきわめて複雑である（小泉，1984，1993）。これは，日本の高山帯が一般に多雪な環境にあり，かつ強風帯にあることによるものである。

　この章では，高山植物群落と立地環境に関する日本の研究成果と，スイス・アルプスで得られたデータを中心に紹介しながら，高山植物群落の分布パターンを決めるさまざまな環境要因について議論する。この分野に関しては最近，小泉(1993)や水野(1999)がそれぞれ自らの研究を中心にまとめている。ここでは従来の研究を紹介したうえで，現時点での問題点と，今後期待される研究の方向性についても考えてみたい。なお，スイス・アルプスでは，地表面の変動に関する地形学的プロジェクトが進められており（Matsuoka et al., 1997, 1998），スイス・アルプスでのデータはこのプロジェクトのなかで得られたものである。

1. 環境要因

　高山植物群落の立地にはさまざまな環境要因がかかわっているが，以下では，とくに重要と思われる，積雪環境要因（積雪深と消雪時期），地質・地形環境要因（岩質と地表面の構成物質，斜面の安定性），温度・水分環境要因（永久凍土と季節的凍土，水分条件）とに分けて，高山植物群落との関係をみ

てゆきたい。

積雪環境要因
積雪深

初めに述べたように，高山植物群落にとっての日本の高山帯の自然環境は，強風・多雪によって特徴づけられているといっていいだろう。日本の上空700 hPaの面(標高およそ3000 mに相当)では，1月の平均風速は秒速20 m以上で(小泉，1984)，山頂付近では，この強風が積雪分布をいちじるしく平均等にしている。たとえば，北アルプス立山連峰の内蔵助カールでは，強風によって雪が吹き飛ばされた結果，冬季期間にもほとんど積雪がない場所から，吹きだまり雪が16 m以上にも達する場所までが，きわめて複雑に分布している(図1)。こうした不均等な積雪深分布が生じるのは，強風だけではなく，地表面の形態(小スケールでの地形の配列)にもよっている。同じ降雪量と同じ風速が与えられても，地表面の形態が異なれば，積雪深分布は大きく異なることになる。

積雪は，冬季期間に植物を低温から守り，強風で運搬される雪粒や氷粒などが与える物理的な衝撃から植物を保護する。一方で，積雪深が大きければ消雪時期が遅くなり，植物の生育期間が短くなる。

ハイマツ群落は，大雪山では0.3〜3.0 m(沖津・伊藤，1983)，立山連峰では0.5〜4.0 m(平均2.0 m)の最大積雪深下で生育している(渡辺，1986)。また，中央アルプス木曽駒ヶ岳では，1月の積雪深(最大積雪深よりは少ない)が0.4〜1.0 m(小泉，1974)の地表面にハイマツ群落が見られる。これよりも積雪深が小さければハイマツ群落は成立できなくなってしまい，ほかの高山植物群落にとってかわられる。このようすは，大雪山の忠別岳から高根ヶ原にかけての台地上で行なわれた研究(沖津・伊藤，1983；会田，1997)によっても，みごとに示されている。また大雪山では3 mより積雪が深ければハイマツ群落は分布せず，雪田植物群落(第8章参照)がとってかわる。立山では2.0〜11.5 m(平均6.3 m)で，アオノツガザクラやチングルマ・ハクサンコザクラ・ウサギギクなどの"高山草原"が成立する。

一般に多雪な日本の山岳地域で高山植物群落の立地環境を明らかにするに

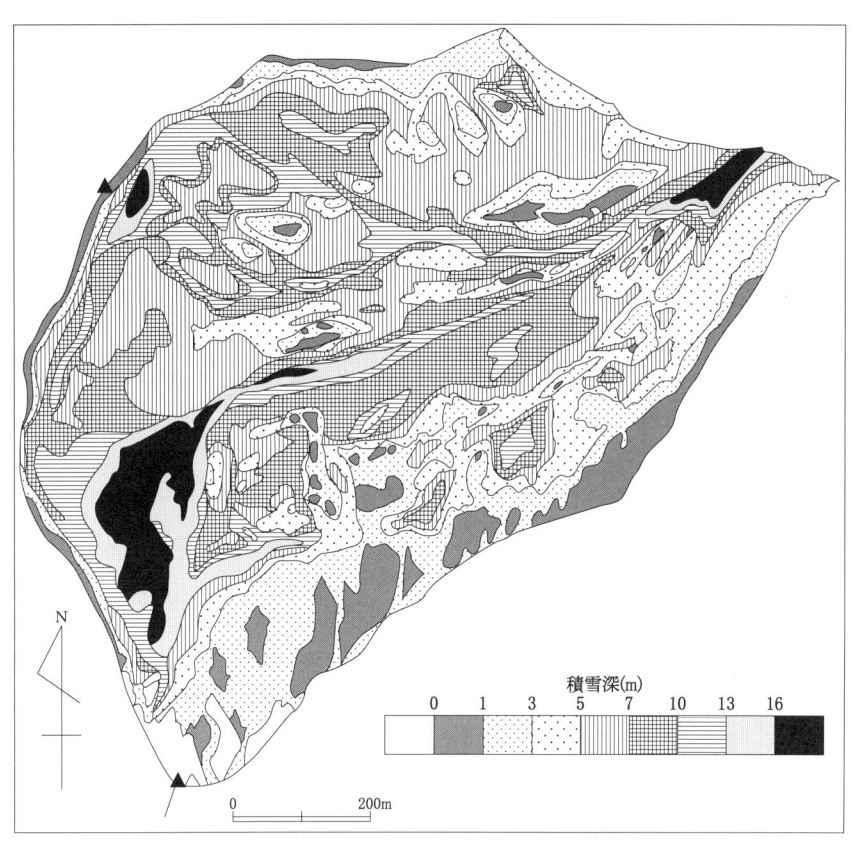

図1　北アルプス内蔵助カールにおける最大積雪深の分布(渡辺，1986)

は，積雪深の分布データをどのように得るのかが基本になるといっていいだろう。年間を通じての最大積雪深の実測は，高所では困難なことが多く，測定手法は研究者によってさまざまである。航空機あるいは地上から，測量用カメラを用いて最大積雪期と無雪期にステレオ写真を撮影して図化すれば，最大積雪深分布を精度よく知ることができるようになる。さらにこの手法は，後述するGIS(地理的情報システム)へのデータの取りこみが容易になる点でもすぐれている。

消雪時期

工藤が8章で詳しく述べているように，消雪時期は植物の生育期間を決定

するので，積雪深と同様に，高山植物群落の分布パターンの決定にきわめて重要な要因となる。

消雪時期からみると，冬季間にも積雪がほとんどない風衝地には，オヤマノエンドウやトウヤクリンドウなどの風衝地植物群落が進入する。風衝地についで消雪時期が早い場所にはハイマツ群落が生える。ハイマツ群落が成立できるのは，木曽駒ヶ岳では4月下旬から6月上旬に消雪する地表面(小泉，1974)であり，内蔵助カールでは4月上旬から6月下旬に消雪する地表面で(渡辺，1986)，同じ北アルプス野口五郎岳カールでは6月下旬までに消雪する地表面である(水野，1990)。これよりも消雪が遅く7月上旬以降になる地表面には雪田植物群落が成立する。さらに消雪が遅い環境下では植物群落は成立できなくなり，裸地になる。

消雪(残雪)時期が高山植物群落の立地にとって重要な理由はそれだけではない。とくに梅雨の影響をうける北海道以外の高山地域では，梅雨時に融雪が進行すると融雪水と雨水とがいっしょになって斜面を不安定にする。また，春の終わりから夏の初めに融雪が進行するところでは，後述するように季節的凍土や永久凍土面上に地下水が集中する。このため地表面に傾斜があれば，地表面付近の土砂は容易に移動する。このようにして消雪(残雪)パターンと梅雨や気温上昇のタイミングは，植物群落の成立に影響を与えることになる。

地質・地形環境要因

以上述べてきたように，日本のような多雪環境下にある山岳地域では基本的には積雪条件の影響が重要であるため，地表面が安定なら積雪条件だけでも高山植物群落の成立をかなり説明することが可能になると思われる。しかし，一般に傾斜が大きな高山地域では，地表面の安定性が低いことが多く，斜面上に発達する高山植物群落のタイプは地表面付近の物質(砂礫)の移動速度と対応していることが多い。

地　質

北アルプス白馬岳の稜線付近の風衝地斜面には，さまざまな岩質からなる砂礫層が分布している(図2)。その結果，同じように冬季間には積雪がほとんどない風上側の斜面であっても，岩質に対応した植物群落が分布する(小

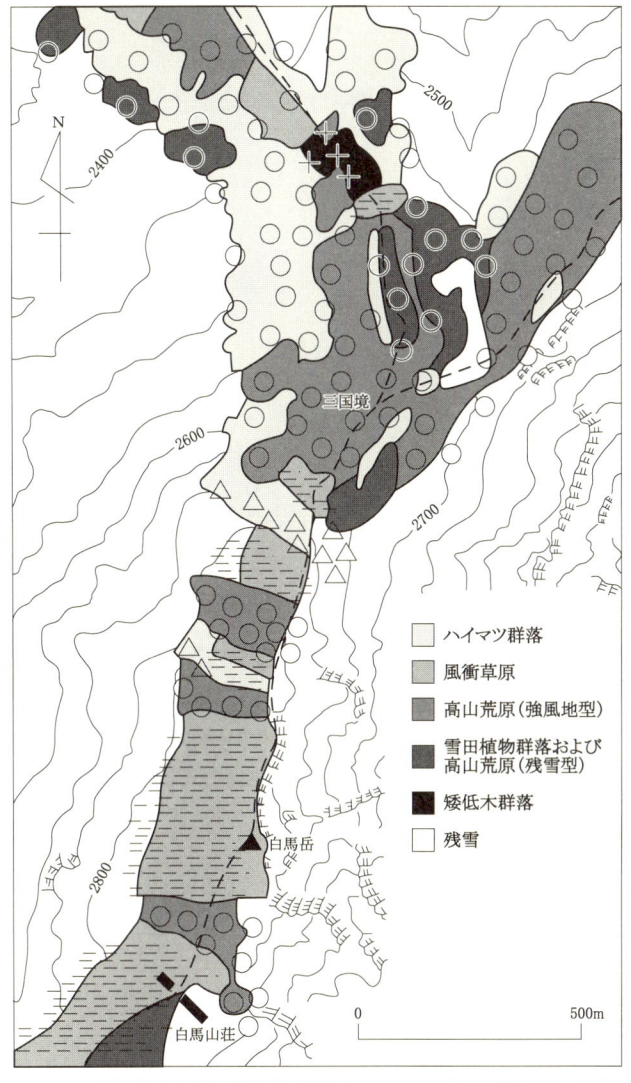

小泉(1993) の岩質区分	Iwata(1983) による区分	対応する植物群落	
		南部の風上斜面	北部の風上斜面
○○ 流紋岩	中礫・小礫型	高山荒原	高山荒原, ハイマツ群落, 雪田植物群落, 風衝地草原
＋＋ 花崗斑岩	巨礫淘汰型	—	矮低木群落
≡≡≡ 砂岩・頁岩	薄層淘汰 不良型	風衝地草原(一部 に雪田植物群落)	風衝地草原
△△ はんれい 岩など	—	ハイマツ群落	

図2 北アルプス白馬岳付近に見られる地質と植物群落の分布図(小泉,1993を改変)およびそれらの対応関係

泉，1979a，1980，1993)。花崗斑岩の斜面は粒径50 cmほどの大きな礫が厚く積み重なった層からなっており(岩田，1997)，そこにはミヤマキンバイ・クロマメノキなどの矮生低木群落が成立している。また，流紋岩の斜面は中礫と小礫からなる地表面と対応しており，そこには高山荒原植生(コマクサ－タカネスミレ群落)が成立している。砂岩および頁岩の斜面は大小さまざまな粒径の薄い砂礫層からなり，オヤマノエンドウ・ムカゴトラノオなどの風衝地草原となっている。

　砂礫斜面を構成する物質にこうした差が生じるのは，基盤岩の岩質が異なっているからである。岩質によって節理間隔に違いがあるため，その節理間隔に応じて生産される礫の大きさが決まる(岩田・相馬，1982)。地質と植物群落の一般的な対応関係について，小泉(1984)は，彼の一連の研究成果(小泉，1979a，b，1980，1982)から，流紋岩・蛇紋岩・石灰岩・泥岩・粘板岩などの地域では高山荒原になることが多く，花崗岩・花崗斑岩・閃緑岩・砂岩・チャートなどの地域では風化の程度と礫の大きさとの関係によって，ハイマツ群落をはじめさまざまな植物群落が進入しうるとしている。

地表面の安定性

　地表面付近の砂礫の移動と植物群落の成立の関係については，地表面の礫にペンキを塗布してその移動量を測定する手法がとられている(小泉，1979aなど)。その結果，地表面の砂礫の移動速度が大きな斜面では，コマクサやタカネスミレ，ウルップソウなど数種類のみが生育できることが明らかにされている。同様の観察はスイス・アルプスでも行なわれている(図3)。砂礫の移動が活発なソリフラクションローブ*の表面にペンキを塗布して，砂礫の1年間の移動パターンを調べた(図3上)。また同じ期間に，ペンキライン付近に生育するアブラナ科草本の *Hutchinsia alpina* や *Arabis pumila* など42個体について，植物そのものの移動量を観測した。図3下にその一部を示す。42個体の植物は，すべて斜面下方へ移動をしており，その移動量

---

*凍結クリープ(霜柱で地表面に直角にもちあげられた砂礫が霜柱の融解時に鉛直に斜面下方に移動する作用)とジェリフラクション(融解した砂礫層が不透水性の凍土層上にあるとき，砂礫層が水分過飽和状態になり，重力によって斜面下方に移動する作用)の両者によって形成されるローブ状の微細な地形。

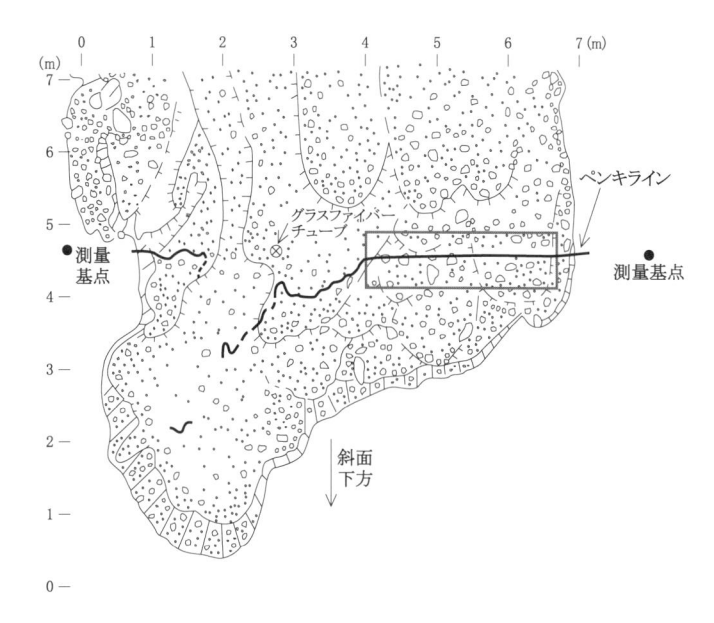

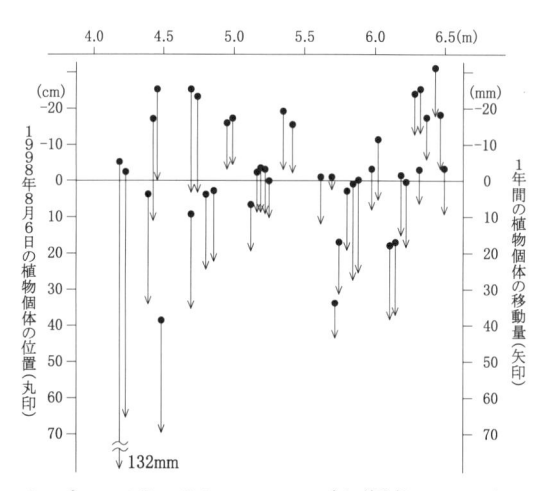

第5章　高山植物群落と立地環境　73

図3　スイス・アルプスのソリフラクションローブ上（標高2787.5 m）で，1年間（1998年8月6日〜1999年7月16日）に観察されたペンキ塗布砂礫の移動パターン（上）と，ローブ上に生息する高山植物の斜面下方への移動量（下）。上の図の枠内を下の図で示した。

は3〜132 mm（平均20.7 mm）であった。これらの種に関しては，自らが年間数 cm ほど斜面下方へ移動することによって，砂礫層の移動に耐えながら生育していることがわかる。

このようにきわめて安定性が低い砂礫斜面では，根茎の伸長方向と砂礫層の移動方向とを対応させる特定の植物群落（中條，1983；小泉，1993；増沢，1997）のみが成立できるのに対して，多くの植物は根切れを起こし生育できないという（小泉，1993；岩田，1997）。したがって，地表面の安定性は，植物群落の成立を制限する点できわめて重要な要因となる。

Iwata(1983)は，白馬岳の砂礫斜面の形成を明らかにするなかで，斜面に働く多くの環境要因の相互関係を模式的に表現した。この研究では砂礫斜面そのものに重点がおかれてはいるが，植物群落の成立を阻止する環境条件としての斜面作用について多くを学ぶことができる。後述するように，地表面の安定性と植物群落の関係については，最近，さまざまな観測手法が開発されるようになってきたことから，近い将来大いに研究が進展するものと期待される。

温度・水分環境要因

永久凍土は世界の高山に広く分布しており，日本では富士山と大雪山で報告されている（藤井・樋口，1972；福田・木下，1974；Fukuda and Sone, 1992）。しかし現在の気候環境下では，大雪山やアルプスなどの永久凍土は，ある標高より高いところに一面に存在しているわけではなく，永久凍土と季節的凍土がパッチ状に分布することになる。これらの分布パターンは，高度と斜面の向きなどによって規定されている。永久凍土の分布域と季節的凍土の分布域では，地表面付近の温度環境と水分環境に違いがあり，そこに生育する高山植物にとっては，この違いが決定的な要因になりうると考えられる。それは，温度条件ならびに水分条件が，植物生理にとって重要なだけではなく，地表面付近の砂礫層の移動を大きく決めるからである。

温度環境としての永久凍土と季節的凍土

永久凍土の点在的な存在や季節的凍土の存在は，地表面付近の温度環境を局所的に決める。たとえば積雪下の地表面温度（BTS）は，永久凍土が存在

する地点では−3〜−4℃よりも低いのに対して，永久凍土がなければ−2℃よりも高くなる(Haeberli, 1973)。通常，積雪下で地表面が0℃に保たれるというのは，永久凍土が存在しない環境下でのことである。

　実際に大雪山でもBTSデータが収集されはじめている(Ishikawa and Hirakawa, in press)。夏のあいだにも地中に凍土が存在するところでは，地表面付近の温度は当然低い。とくに大雪山のように永久凍土が点在的に分布している山岳地域では，永久凍土と季節的凍土の分布パターンに応じて，局所的に年間(あるいは夏と冬のそれぞれの)積算地表面温度に相当な差が生じると思われる。こうした温度条件の違いと植物群落の成立との関係については，細かな議論はこれまでのところ行なわれていない。沖津・伊藤(1983)や伊藤(1984)は，大雪山のなかで南北方向に主稜線が走る忠別岳から高根ヶ原では，斜面頂部に永久凍土が発達することを福田・木下(1974)を引用して述べているが，現実には高根ヶ原の大部分には永久凍土は分布していないようであり(Ishikawa and Hirakawa, in press)，永久凍土の分布と高山植物群落の分布パターンとの対応関係は，将来の課題としてとらえられるべきであろう。

　水　分

　土壌水分の大小には，土性が大きくかかわってくる。水野(1986)は大雪山のトムラウシ山周辺で，土壌水分と植物群落の立地の関係を調べ，ハクサンイチゲやミヤマキンポウゲ，シナノキンバイなどの広葉草本群落が中湿性の立地環境を好むことを明らかにした。そこは6月上旬から7月中旬に消雪する場所に相当しており，融雪水の供給が豊富な環境下にある。

　大雪山の小泉岳周辺には永久凍土が存在している(福田・木下，1974)が，そこで小泉・新庄(1983)は，エゾマメヤナギとエゾタカネヤナギの矮生ヤナギ群落の分布を調べた。これらのヤナギは地下水が地表面付近に存在する場所に風衝地植物とともに分布しており，永久凍土面が地下水面を上昇させることによって成立していると考えられている(小泉・新庄，1983；Koizumi, 1983)。永久凍土が分布しない山岳地域であっても，季節的な凍土層の存在は，一時的にではあっても同様の水分環境を与えうる。

　凍土層は不透水層となるため，凍土面がいつ，どの深さに形成されるのか

は地表面付近の水の挙動を決める大きな要因となる。Matsumoto et al. (in press)は，大雪山で凍土面の融解にともなう地中水の観測を行なった。融雪水の供給の少ない場所では帯水層形成への凍土層の効果は相対的に小さくなるが，斜面上方に多量の積雪があると凍土層の効果は大きくなる。植物の成長期の地表面の安定性を考えるうえでも，植物生理への地下水の影響を考えるうえでも，凍土層の存在とその上の融解層中の水の挙動を経時的に追跡する意義は大きいであろう。

2. 複数の環境要因の組み合せの結果としての植生分布パターン

積雪深分布は風速によって大きくかわり，また微地形の配列によっても大きくかわる。地表面の安定性は地表面の傾斜や地表面を構成する物質と関連しており，地表面の物質は地質によって大きく規定される。また地表面の安定性は永久凍土や季節的凍土といった地表面付近の温度条件や水分条件によっても大きくかわるが，それらは積雪深と大きな関係をもっている。こうした複雑さゆえに，高山植物群落と立地環境に関する研究ではある特定の環境要因に焦点を絞ったアプローチがとられることが多い。

一方で，こうした複数の環境要因と植物群落の立地の関係を扱うアプローチの1つに地生態学(景観生態学)がある。高山帯の植生景観をパッチ(均質な環境条件からなる地表面の最小単位)の集合体としてとらえようという分野である。

Mizuno(1991)は，大雪山・北アルプス・南アルプスの各地で，消雪時期・地表面の安定性・地表面構成物質・土壌水分の4つの環境要因を調査して，それぞれの地域の高山植物群落の立地環境を説明した(図4)。このなかで彼は，多雪な大雪山や北アルプスと，少雪な南アルプスとでは，消雪時期が植物群落に与える効果が異なることを明らかにした。

渡辺(1986)は，内蔵助カールで同様の研究を行なった(図5)。ここでは最大積雪深(図1)・消雪時期・地表面構成物質・斜面形・斜面傾斜・地表面作用の6つの環境要因を調べ，空中写真によって4区分した地表面を8つの植生景観単位に再区分した。8つに区分されたそれぞれの景観単位の分布パタ

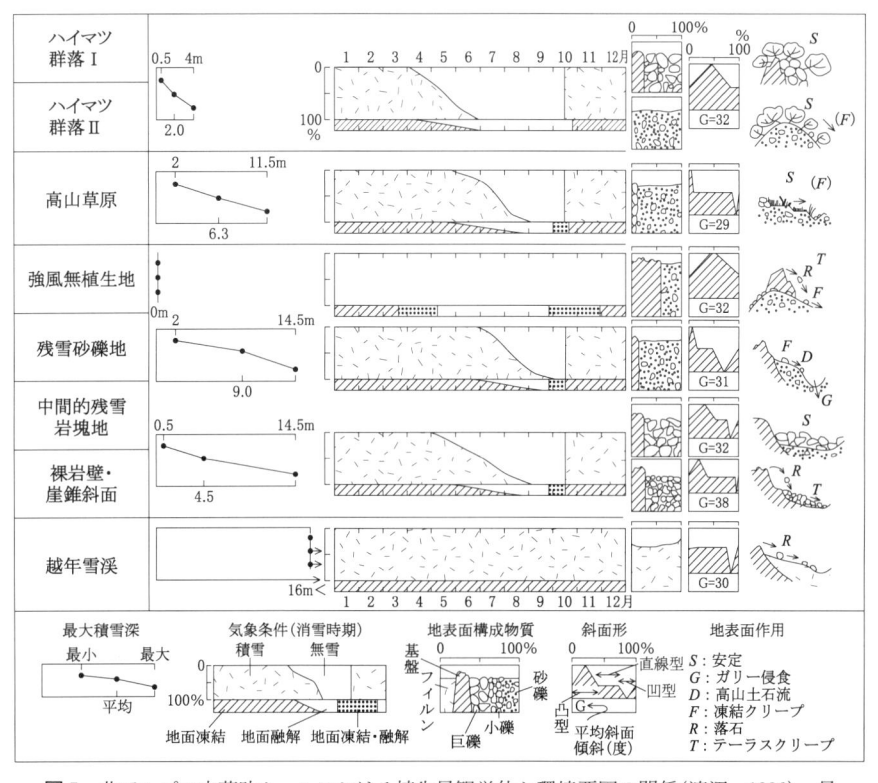

図4 大雪山・北アルプス・南アルプスにおける植物群落と環境条件との関係(Mizuno, 1991；水野，1999)。▨腐植&細粒土層，▭細粒土層，▨巨礫・大礫，▥泥炭

図5 北アルプス内蔵助カールにおける植生景観単位と環境要因の関係(渡辺，1986)。最大積雪深については，それぞれの景観単位における最小・平均・最大値を示した。消雪時期の欄の下には，地表面のおおまかな凍結状態を示した。地表面物質については，横軸にパーセントをとり，越年雪・基盤岩・巨礫・小礫・砂礫が占める割合をパーセントで示した。また斜面形の下に平均傾斜(°)を示し，地表面作用の凡例には，各景観単位で生じている代表的な作用名だけを示した。

ンは，景観単位区分図として表現されている。また助野(1997)は，木曽駒ヶ岳で同様の区分を試みている。

　これらの研究には共通した大きな問題がある。複数の環境要因を重ね合わせる客観的な手法が確立していないことである。その結果，とくに重要と予想される環境要因に焦点を絞った研究が増加することになる。たとえば小泉が観察した白馬岳の稜線付近(図2)の積雪条件は，おそらくは植物群落にとっては同一とみなしていいであろう。しかし図2の北部では，すでに地質だけでは植物群落の立地環境は説明できなくなっている。植物群落の成立に地質が決定的に効いているということを述べる場合に，本来は積雪などのほかの要因に関するデータを対等に評価したうえで，どの要因が決定的なのかを議論するステップが必要であろう。できるだけ多くの環境要因を重ね合せ，どの要因が重要でどの要因がそうでないのかを見出すには，GISを用いた手法の確立が必要といえる。

3．温暖化による立地環境の変化

　温暖化は，地表面が積雪から開放される時期を早めて植物の生育条件をよくさせるだけではなく，永久凍土の融解進行期には地表面を不安定化させ，あるいは逆に永久凍土の消滅後には地表面を安定化させうる。永久凍土がなくなり地表面の安定度が増して，風化や土壌化が進み，地表面付近の構成物質がより複雑な粒度組成になると，やがてはそこに〝お花畑〟が成立するようになる。このことは，高山植物群落と温暖化の関係を考える際に，地表面変動に関するデータを収集する必要があることを示している。

　図6は，ペンキラインの移動量から得られたソリフラクションローブ表面の砂礫の年間移動速度と，ペンキラインをはさむように設定したコドラートごとに出現する植物の個体数・種数との関係を示している。ソリフラクションローブの上でも側方に近い部分では，砂礫の移動速度は小さい(図3A)。こうした場所では，生育できる植物個体数も種数も増加する(図6)。このローブ上では，20 cm/年以上の砂礫移動速度の地表面には植物群落は進入できず，それより砂礫の移動速度が小さい場所に植物群落が成立しはじめて

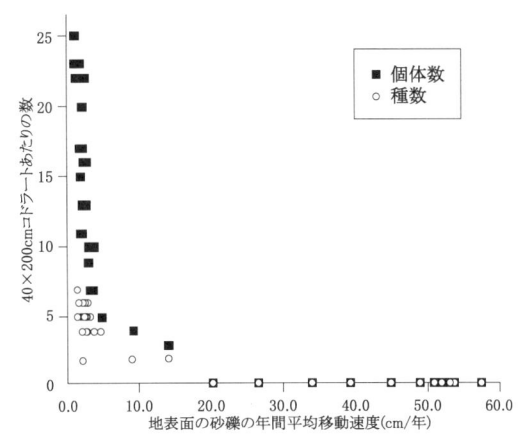

図6 スイス・アルプスのエンガディン地方における地表面の砂礫の移動速度と高山植物の出現個体数・種数の関係。図3(上)に示したペンキラインをはさむようにトランゼクトを設定して，40×200 cm のコドラートに出現する植物の個体数と種数をカウントした。

いる。

　表1は，同じスイス・アルプスでの観察結果である。ここでは4地点で地中にグラスファイバーチューブを埋設して，地表面付近の砂礫の移動速度と，そこに成立する植物の種数・被度・根の特徴を観察した。地点1と2は地表面付近の移動速度が速く，地点3と4は速度が遅い斜面である。グラスファイバーチューブの変形量から，いずれの地点でも地表面がもっとも速く移動していることがわかる。また，移動がおよぶ深さは地表から40 cm までの地点3を除いて，地表面からせいぜい20 cm までである。

　移動速度が大きな地点1と2では，アブラナ科の *H. alpina* や *A. pumila* など7〜8種の植物が進入しはじめているにすぎない。主根の深さ(D)に関するデータは，いずれの地点でも移動する砂礫層の内部に主根が位置していることを示している。地点1と2では L/D の値から，主根が斜面の上方に向かって伸びていることがわかり，植物は斜面の移動に耐えながら生存していると考えられる。砂礫層の移動速度が遅い地点3と4では，主根の伸長方向が重力方向により近づきはじめていて，この程度の移動速度の場所では，より多くの植物が進入できるようになるといえる。このように，スイス・ア

表1 グラスファイバーチューブを用いた高山斜面の移動観測結果と,そこに生育する植物の根の特徴(スイス・アルプス,エンガディン地方)

地点番号	1	2	3	4
地表面	ソリフラクションロープ	小ロープの集合斜面	条線土(幅30〜50cm)	条線土(幅10〜12cm)
標高(m)	2785.5	2803.4	2785.2	2806.9
傾斜(°)	9	12	5	16
方位	S 64°E	S50°W	S70°E	S70°E
砂礫層の移動観測期間	2年(96/7/21〜98/7/23)	4年(94/8/12〜98/7/23)	4年(94/8/12〜98/7/23)	4年(94/8/12〜98/7/23)
地表面からの深さ	砂礫層の移動速度(cm/年)	砂礫層の移動速度(cm/年)	砂礫層の移動速度(cm/年)	砂礫層の移動速度(cm/年)
0cm	4.1	3.2	1.4	0.4
5cm	2.0	1.8	1.1	0.2
10cm	0.6	0.9	0.9	0.1
15cm	0.1	0.4	0.8	0.0
20cm	0.0	0.1	0.7	
25cm		0.0	0.5	
30cm			0.3	
35cm			0.2	
40cm			0.1	
45cm			0.0	
出現種数	7	8	12	17
被度(%)	5	3	15	10
アブラナ科 *Hutchinsia alpina*の主根深Dの範囲(cm)	1.6〜9.0	3.3〜9.9	3.5〜9.2	4.1〜14.5
同L/D(平均値) $N=25$	3.60	2.39	1.61	1.61
アブラナ科 *Arabis pumila*の主根深Dの範囲(cm)	4.3〜13.3	3.7〜9.6	6.7〜15.2	5.7〜13.1
同L/D(平均値) $N=10$	2.13	3.27	1.25	1.48

L:主根の長さ,D:地表面から主根の先端までの深さ

ルプスの調査地域を物質移動の点からみると，とくに地表面の移動速度が速い場所には植物群落が成立できないが，地表面の移動速度が遅い場所はより多くの高山植物でおおわれうる環境にあるといえるだろう．

スイス・アルプスの高山帯では，融雪時の土壌の凍結融解作用が，斜面物質の移動の大小に大きく関与している(Matsuoka et al., 1997, 1998)．また融雪水の供給時期には，ソリフラクションローブの表面付近は過飽和状態になり，いちじるしく移動しやすい状況がうみだされている．温暖化によって永久凍土層や季節的凍土層が消滅すれば，春から夏にかけての成長期間にはこのような過飽和層がなくなり，地表面を安定化させることになる．

かつてのより寒冷な時期には，現在よりもさらに低所で同様の斜面物質移動が生じていたと考えられるが，そこは現在ではすでに安定化してしまっており，ソリフラクションローブの表面は，チョウノスケソウ・コケマンテマ・ムラサキスミレ・ムラサキユキノシタ(第11章参照)など，根茎を重力方向に伸ばした20種以上の植物群落からなる〝お花畑〟となっている．将来温暖化が進行すると，現在，斜面物質が活発に移動している高度帯はやがて〝お花畑〟になると思われるが，とくに〝お花畑〟への遷移過程や遷移速度を考える際には，温暖化にともなう地表面の安定性の変化を明らかにする必要があることを忘れてはならない．

1970年代から日本でさかんに実施されてきた高山植物群落の立地環境に関する研究では，積雪深の違いが植物の生育期間を限定すること，また地質(岩質)の違いが地表面の安定性を規定して，植物群落の成立を決めることがおもに調査されてきた．しかし積雪は地表面への水の供給源として重要であり，地表面ならびに土壌中に供給された水の挙動が地表面付近の安定性を大きく決め，結果的に高山植物群落の分布パターンに対して大きな役割を果していることを見逃してはならない．

地表面の変動に関する知見は，小型のデータロガーを用いた連続観測システムの発展によって急速に増加しつつある．植物群落の成立と地表面の安定性の関係については，従来のようにペンキラインを用いた地表面の砂礫の移動観測(Fisher, 1952)だけではなく，地形学分野でさかんに行なわれている，

グラスファイバーチューブやひずみゲージによる手法(たとえば澤口，1995；Yamada and Kurashige, 1996；澤口・小疇，1998)を取りいれ，地表面からの深度ごとにいつどれだけの移動が生じているのかを明らかにしていく必要があろう．また，地温や地表面の凍上量，土壌水分などの通年観測の手法は，Matsuoka and Moriwaki(1992)や Matsuoka(1994, 1996), Matsuoka et al.(1997, 1998)の研究によって，最近飛躍的な進歩をとげている．

　温暖化というと，気温や二酸化炭素，積雪の変化といった，植物の成長に直接的にかかわる要因が取りあげられることがほとんどである．しかしこれまでに述べてきたように，植物群落への影響としては，温暖化にともなう地形環境の変化，すなわち地表面付近の変動の効果を考慮する必要がある．モザイク状に分布する植物群落の立地環境を理解し，将来の立地環境の変化を予測するためには，植物体の根が及ぶ深さまでの砂礫層を対象に，地表面付近の温度・水分環境の時間的・空間的な変化に関する知識を増やし，その知識と植物群落の成立とを関係づける必要がある．そのためには今後さらに，気象学的観測手法のみならず，水文・地形学的な領域の観測手法を積極的に取りいれてゆくべきであろう．

　また，人間活動がさかんな高山地域では，植物群落の立地はもはや自然環境要因のみによって規定されているわけではなく，人為的な要因による影響をうけるようになってきている．たとえば，大雪山の黒岳や旭岳など登山者が多い場所では，登山道の両側にそって幅数 m にわたって植物群落の分布に違いが生じている．また同じ大雪山の北海平では，登山道の表面から流れだした土砂が，斜面基部で堆積して，広範囲にわたって高山植物群落をおおいはじめている．こうした裸地の拡大は，登山者が増加した近年になって認められるようになったばかりであり，高山植物群落への撹乱は積雪深や地質などの自然環境要因だけでは説明ができず，人為的な環境要因についての研究が重要となってきていることを示している．一方で，北アルプス立山の室堂をはじめ，各地で工事跡の裸地を植生回復させようという試みもみられる．人為的に生じた裸地や撹乱地の植生回復には，本来そこに生育する植物群落を再生させるべきであるが，そのためにはまず植物群落の立地環境を明らかにさせることが重要で，そのうえで立地環境に応じた高山植物群落景観の復

元対策を講じる必要がある．こうした高山植物群落への人為的な影響は，温暖化の問題とともに今後の大きな研究課題の1つとして考えられるべきであろう．

第6章 ハイマツ群落の成立と立地環境

森林総合研究所・梶本卓也

1. 高木にならないマツ

　日本の高山植生は，矮生のハイマツ群落の存在によって特徴づけられている。ハイマツは，その名のとおり幹が匍匐して地表を這い，その上に密な樹冠を形成する。おなじ中緯度に位置する欧米高山の森林限界付近でも，マツやトウヒ，モミなど針葉樹が矮生化し，景観上ハイマツ群落とよく似た灌木帯（krummholz）が見られる。しかしこれらの樹種は，本来標高が下がると高木に成長し亜高山帯針葉樹林を構成する。ハイマツの水平分布は，日本の南アルプスを南限に東シベリアの北緯70°付近まで達し，ほぼ極東域一帯をカバーしている（図1）。東シベリアあたりではカラマツの林内や森林限界付近に株立ち状で生育していることが多く（写真1，口絵写真），日本の高山のように密な矮生群落とは若干様相は異なるが，いずれにしろ直立して高木になることはない。

　ハイマツはいわゆる"五葉マツ"の一種で，さらに非裂開性の球果や無翼種子といった繁殖器官の特徴からセンブラ節というグループに分類されている。同じ仲間には，欧米の *Pinus cembra* や *P. albicaulis*，また，シベリアの *P. sibirica* など高山や寒冷地に分布する種がいくつかあり，繁殖上の共通点として種子散布をおもにホシガラスの貯食行動に依存することが知られている（Lanner, 1989）。しかしこれらはいずれも高木性の森林構成種である。

第6章　ハイマツ群落の成立と立地環境　85

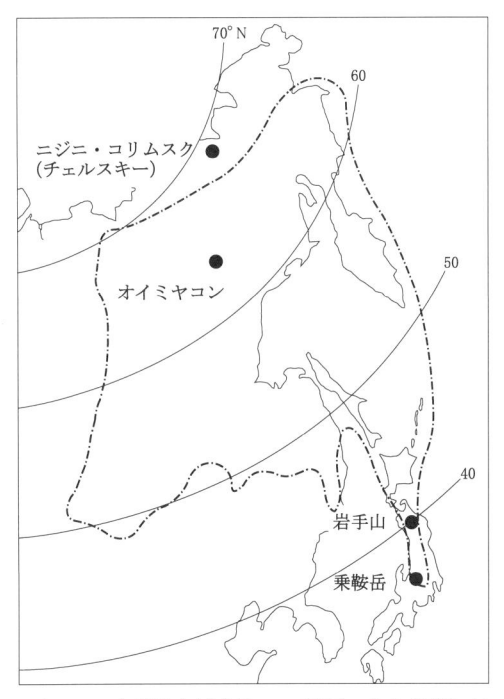

図1　ハイマツの水平分布域(Mirov, 1967)。なお実際には，破線部分以外に中国東北部から朝鮮半島北部にかけても分布する。図中には，表1と写真1にそれぞれ関連する地名の位置を示した。

ハイマツはつねに矮生の生育形をとる点で，こうした寒冷地に分布し，しかも分類学上近縁で繁殖上の共通点をもつ五葉マツ類とも一線を画した存在といえる。

　ハイマツの生態とその立地環境については，植生帯の垂直分布上の位置づけをめぐる議論や，成長，更新特性に関する研究のなかでこれまでにも数多く論じられている(梶本，1995)。なかでも矮生の生育形をとる点は，冬のあいだ積雪下に埋まり低温や乾燥の影響を回避できることから，世界的にも有数の強風・多雪環境で知られる日本の高山で本種が優占しうる1つの理由としてよく強調されてきた(小泉，1984；沖津，1991)。しかし，樹木として物質生産を行ない，また次世代を残していくプロセスは，このほかにもいろいろな季節あるいは生活史の段階でさまざまな環境要因の制限をうけながらな

86　第II部　高山環境と植物の分布

写真1　東シベリアのチェルスキー(上)とオイミヤコン(下)の森林限界付近でカラマツと混生するハイマツ(梶本撮影)

りたっているはずである。こうしたごく基本的なプロセスにおける制限要因という側面から見直すと，ハイマツ群落を取りまく立地環境あるいは本種の生態的特性はどのように特徴づけられるだろうか。本章ではこのような視点から，とくに春先から初夏にかけての成長と更新の初期段階に関与する制限要因の問題を中心に取りあげて考察を試みた。

2．夏の生育環境

分布と気候

表1は，ハイマツが分布する東シベリアと，日本の中部・東北地方から選んだ計4カ所の気象条件を比較したものである。このうち東シベリアのニジニ・コリムスクは分布の北限近くに，またオイミヤコンはやや内陸部の山岳地に位置している(図1)。夏季(6〜9月)の平均気温は，東シベリアの2カ所でやや低めだが盛夏には10°C以上に達している。また温量指数は，いずれの地点も北方針葉樹林(タイガ)の範囲(15〜45°C・月)にほぼ含まれており，生育期間中の気温条件にはそれほど差がないことがわかる。一方，冬の気温は東シベリアの方がかなり低く，土壌凍結の指標となる積算寒度は日本の高山をかなり上回る。さらに顕著な差がみられるのは夏季の降水量で，乗鞍岳や岩手山では夏の4カ月間に1500 mm程度降雨があるのに対し，東シベリアではその1割程度しか降らない。

このように通年の気象条件を単純に比較すると，ハイマツの分布域全体をカバーする共通項は夏季の平均気温をのぞくと認められない。むしろ気温の年較差が大きく降水量が少ない東シベリアの内陸性気候と日本の高山のように夏多雨の海洋性気候という，それぞれ異なる気候下に現在ハイマツは分布していることになる。なおそのほかの分布域では，たとえば日本のさらに北に位置するカムチャツカ半島の場合，海洋性気候の影響がみられ，東シベリアに比べると冬は温和で夏季の降水量もやや多い(Khomentovsky, 1995)。

成長と夏季の気温，水分条件

図2は東シベリアの2カ所と岩手山西方の湯森山(標高1471 m)からそれ

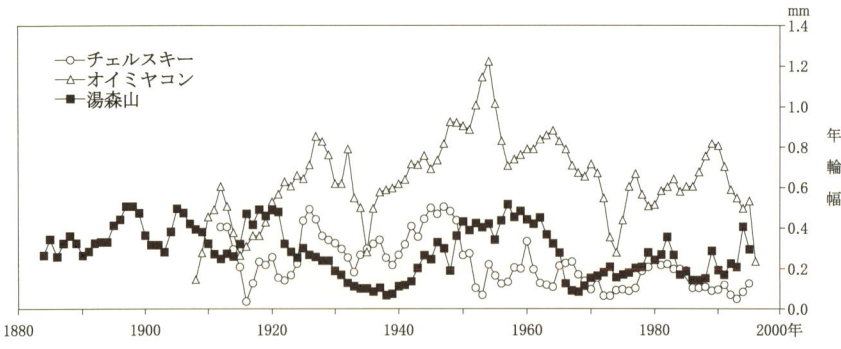

図2 東シベリアと日本のハイマツの年輪パターンの比較(梶本,未発表)。データは幹の地際円板試料における4方向平均年輪幅を示す。各試料の年齢・幹長および直径は,それぞれチェルスキー:84年・150 cm・4.3 cm,オイミヤコン:89年・215 cm・4.7 cm,湯森山:113年・250 cm・7.3 cm

ぞれ採取したハイマツについて,年輪幅の経年変化を比較したものである。このうちチェルスキーは,表1に示したニジニ・コリムスクの南西約30 kmに位置する分布北限近くの町である。図2でまず興味をひくのは,年輪パターンが全体によく似た傾向を示す点で,1930年代は成長が悪くその後好転し1970年代にかけて再び低下している。現在比較できる試料の数はごく限られているが,こうした年輪パターンの同調性は,夏季の気温変動が東シベリアと日本の高山で共通することを示唆している。その背景の1つには,前線帯の季節的移動を考慮した地域ごとの卓越気団にもとづく気候区分によると,冬とともに夏も寒帯気団でおおわれる中緯度気団地帯にシベリアから東北北部あたりまでが含まれることがあげられる(吉野,1984)。つまり中部以北の高山は,夏のあいだじつは北の寒気団の影響をうけやすいことが考えられる。

　　Sano et al.(1977)は日本各地の高山のハイマツを対象に過去20年間の伸長量の経年変化を解析し,伸長パターンが山岳地間で同調し,しかもそのパターンは亜寒帯地方の夏の平均気温の経年変化によく一致することを指摘している。ハイマツの場合,シュートの伸長成長は樹冠内での光環境の違いといったより局所的な要因の影響をうけやすいことが考えられるが(Kajimoto, 1993),彼らの報告例は,東シベリアと日本の高山で夏季の気温変動

表1 東シベリアと日本の高山におけるハイマツ分布地の気象条件

地名 位置 標高(m)	東シベリア ニジニ・コリムスク N68°, E161° 5	オイミヤコン N63°, E143° 800	日本 乗鞍岳 N36°, E138° 2700	岩手山 N40°, E141° 1771
月平均気温(°C)				
夏季 6月	8.1	11.6	5.6	8.5
7月	10.5	14.8	9.8	13.3
8月	7.5	10.9	11.5	14.3
9月	1.1	1.6	6.9	8.8
冬季 1月	−40.5	−47.2	−15.6	−14.1
2月	−35.3	−42.9	−15.8	−13.8
年平均気温(°C)	−14.5	−16.3	−2.6	−0.5
温量指数(°C·月)	11	22	14	25
積算寒度(°C·日)	5700	7000	1800	1500
夏季降水量(mm) (6〜9月合計)	110	129	1501	1392

データは,東シベリアの2地点は「アジアの気候表」(倉嶋ほか,1964)より1900年代前半の数十年間の平均値で,乗鞍岳は「岐阜県気象月報」より1984〜1988年の平均値で,岩手山は「岩手県気候誌」より1936〜52年の平均値でそれぞれ示した。温量指数は,月平均気温 T が5°C以上の積算温度 [$\Sigma(T-5)$] から,また積算寒度は月平均気温が−5°C以下の積算温度(正値)から推定した。

が共通し,その結果成長パターンも同調する可能性を裏づける一例として興味深い。

図2の年輪データは,さらにハイマツの幹の年間肥大成長量が東シベリアと日本の高山で極端に差がないことも示している。比較した幹の樹齢は,円板の採取位置でいずれも100年前後に達しており,年間の直径成長量にすると平均0.4〜1.0 mm ぐらいとなる。この値は,中部地方の乗鞍岳や木曽駒ヶ岳のハイマツで報告されている成長量とほぼ同じである(梶本,1995)。また図2に示した各試料の場合,乾物生産の効率の目安となる単位葉量あたりの幹の年間材積成長量を比較してもあまり差が認められなかった。

ハイマツの成長量が東シベリアと日本の高山であまりかわらないことは,温度条件的には夏季の平均気温がいずれも10〜15°Cに達する点を考えると(表1),ある程度支持できる。一方,夏季の降水量を単純に比較する限り,極端に降雨が少ない東シベリアでは水分条件が成長の大きな制限要因になることが予想される。しかし東シベリアには,場所によっては500 m の深さに達する永久凍土が連続的に分布している。夏にはこの凍土が地表から深さ

10～100 cm 程度融けて活動層となる。その結果，下に残った凍土面が不透水層として機能し，この活動層にはわずかな降雨水や融水が保持される。現在この永久凍土地帯には落葉針葉樹のカラマツが優占しているが，その生育を支える側面の1つにはこうした活動層にたくわえられた豊富な土壌水分が考えられている(酒井，1982)。したがって，東シベリアの永久凍土地帯に生育するハイマツの場合，土壌からの吸水という点では夏季の水分環境は決して制限的ではない可能性が高いと考えられる。

このようにハイマツの成長は，基本的には北方針葉樹林の成立にみあう夏季の温度条件と，降雨あるいは永久凍土の融解いずれにしろ豊富に供給される土壌水分によって支えられていることが考えられる。しかし成長の制限要因については，たとえば東シベリアと日本の高山では緯度の違いにともなって日長や生育期間がかなり違うため，今後こうした光(日射)条件の点も含めて検討する必要があろう。

3. 冬の生育環境

土壌の凍結，融解

日本の高山には，現在富士山や大雪山などのごく一部をのぞくと永久凍土は存在しない。表1の乗鞍岳や岩手山を例にすると，その積算寒度の値は日本の高山が冬のあいだだけ土壌が凍結する，いわゆる季節的凍土の環境下にあることを示している。しかし土壌が凍結する深さやその期間は積雪の有無に左右されるため，たとえ外気が零度以下の期間が続いても，ある程度雪が積もればその断熱効果で土壌凍結は起こらない。

池田・大丸(1994)は奥羽山地の亜高山帯で冬季の土壌凍結深を測定し，積雪下に完全に埋まるハイマツ群落で土壌凍結が起こることを見出している。この測定例によると，ササ原やアオモリトドマツ林下ではほとんど土壌が凍結しないが，隣接するハイマツ群落では地表下20～50 cmまで凍結している。図3は湯森山で行なった同様な調査結果をまとめたものだが，ササ地ではやはり地表下わずか数cmしか凍らないが，風衝地の矮生低木群落やハイマツ群落では30～50 cmまで土壌凍結が進行している。ある一定の温度条

件下では，最大凍結深は積雪深におよそ反比例することが予想されるので，こうした凍結深の違いはおもに植生タイプにごとに対応した積雪深の違いを反映したものといえる。しかし風衝地の群落についてさらに詳しくみてみると，ハイマツ群落の土壌凍結は，積雪深がさらに 10〜30 cm も少ないミヤマネズやコケモモ，イソツツジといった矮生低木群落の土壌凍結とほぼ同じ深さまで達し(図 3)，積雪深が大きいわりに凍結が深くまで進む傾向が認められる。

図 4 は湯森山で植生タイプ別に測定した地温の季節変化を比較したものだが，土壌凍結の進行には降雪直後の地表付近の温度条件がかなり影響するこ

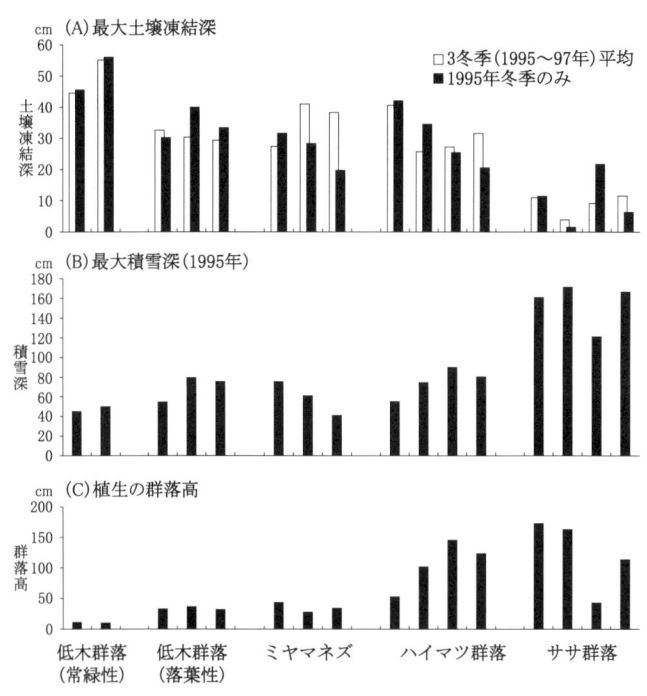

図 3 湯森山山頂付近の植生タイプ別の群落高，積雪深および土壌凍結深(池田ほか，未発表)。低木群落のおもな構成種は，常緑性がコケモモ・イソツツジ・ガンコウランなど，また落葉性がオオバスノキ・クロウスゴ・マルバシモツケなど。土壌凍結深(A)は 1995 年の冬と 3 冬季(1995〜97 年)平均の値を示す。積雪深(B)は 1995 年 3 月中旬の測定値を示す。

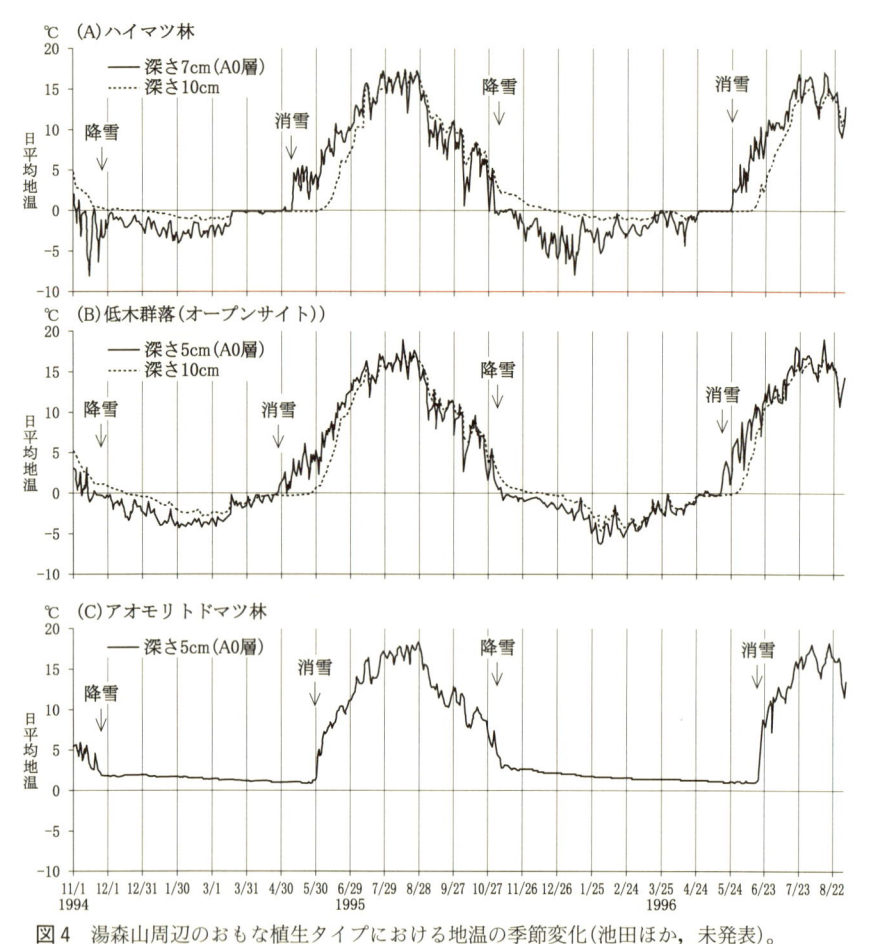

92　第II部　高山環境と植物の分布

図4　湯森山周辺のおもな植生タイプにおける地温の季節変化(池田ほか，未発表)。
A：頂上北側斜面，風衝地のハイマツ林，B：頂上北側斜面，風衝地の草本・低木群落，
C：南東斜面のアオモリトドマツ林

とを示している。まず風下側の南東斜面に広がるアオモリトドマツ林では，地表直下の温度は降雪が始まると(11月初旬)すぐに0℃付近で安定し，それ以降翌春の融雪時期まで氷点下に下がらない。この林では冬に土壌凍結は起こらないが，その一因は最大積雪深が3m前後(3月中旬)と積雪が多いことよりも，むしろ降雪直後からすでに外気が地表下まで伝わらない点にある。一方，山頂付近のハイマツ群落の場合をみると，降雪から根雪までの時期

(11〜12月)にリター層の温度は氷点下まで下がり，さらに1月中旬頃まで低下し続けている．すぐ隣接する低木群落でも，地表下の温度はやはり初冬に零度以下まで下がるが，その低下はハイマツ群落ほど顕著ではない．このように降雪後しばらく地温が氷点下で推移することが，ハイマツ群落で積雪のわりに土壌凍結が深くまで進行する直接の原因といえる(図3)．つまり，この時期周囲の低木群落と同じかそれ以上の深さの雪でおおわれていても，実際には外気が地表下まで伝わりやすい状態にあると考えられる．

冬に凍った土壌は，春先の地表温度の上昇とともに地下からの熱で，地表面と地下両方向から融解が進んでいく．湯森山で数年間地表からの凍土の融解過程を観察した例では，5月中〜下旬に消雪した1996年の場合(図4)，ハイマツ群落下の凍土は約2週間後(6月上旬)には地表下10 cmまで融け，6月中〜下旬にようやく深さ30〜40 cmまでの凍土が融解している(池田，未発表)．一方，隣接する低木群落では地表下10 cmまでの融解時期はハイマツ群落とさほどかわらないが，さらに深い部分が融解し終えるのは1〜2週間も早い．ハイマツ群落で凍土の融解が遅れる背景には，厚く堆積したリター層や常緑の樹冠層によって地表からの熱伝導が遮断されることがあげられる．

季節的凍土と春先の水分条件

冬季の土壌凍結が樹木に及ぼす影響としては，とくに常緑樹の場合，春先の融雪後生産活動が始まる時期に土壌からの水分供給が制限され，枝葉の乾燥害が引き起こされることが考えられる(Tranquillini, 1979)．ハイマツでこうした水分バランスの問題が懸念される時期は，たとえば図3・4に示した湯森山のような奥羽山地の亜高山帯の場合，融雪から凍土が融解し終える約1カ月ぐらい(5〜6月)が相当する．Maruta et al.(1996)は立山のハイマツ群落で融雪時期に雪面上にでた枝葉の含水率を調べ，土壌からの水分供給がなくても幹辺材部からの水分補填で針葉の含水率は高いレベル(85%)に維持されることを報告している．その結果，この時期雪面上にでたシュートでしばしば観察される針葉の褐変・枯死は，乾燥にともなう水分欠乏が直接の原因ではないと推察している．

ハイマツが土壌凍結にともなう春先の水分バランスの問題をうまく回避する背景には，こうした非同化部からの水分補塡機能以外にも，根系が浅根性の不定根で構成されていることがあげられる。成熟したハイマツは，一般に地下に埋まった幹から順次不定根を発根させながら伏条更新している。地際直径が 10 cm 以上の数個体で観察した例では，この不定根は根元直径 1 cm 未満の細根が多く，それぞれ水平方向によく伸びて，ときには 3〜4 m 以上の長さに達している(Kajimoto, 1992)。また不定根はいずれもリター層や深さ 10 cm 以内の地表直下に限って分布している。このようにハイマツの根系は春先にいち早く融解する地表付近に形成されている。したがって，凍土が完全に融解するまでには 1 カ月近くかかるが，地表直下が融解するさらに早い時期から実際には土壌水分の吸収が可能な状態にあることが考えられる。

4. 更新過程と制限要因

貯食による種子散布

ハイマツの開花・受粉は中部から東北地方の高山では 7 月中旬から 8 月上旬に見られ，受粉した雌花は翌年の夏に成熟した球果となる。種子には翼がないため，ホシガラスやエゾリス，シマリスなどのげっ歯類によって貯食散布される(斎藤, 1983；林田, 1989)。東シベリアのハイマツについては，ホシガラスとともにクマもその種子散布者として知られている(Boychenko, 私信)。日本の高山の場合，おもな散布者とされるホシガラスは，枝上から球果をもぎ取ると，すぐ近くの裸地や岩場へ運んでから種子を取りだす(パーチ)。その場で直接種子を食べたり近辺の地中へ貯蔵(キャッシュ)することもあるが，取りだした種子をのど袋(舌下袋)につめてさらに離れた場所へ運んでからキャッシュすることが多い(Kajimoto et al., 1998)。こうしたホシガラスによる摂食・貯蔵行動は 8 月頃に行なわれるが，貯蔵された種子は冬から翌春に回収され，自身や雛鳥の餌として利用される。したがって，摂食や回収をまぬがれた一部の種子だけが発芽の機会を得ることになる。

ホシガラスによるキャッシュ地点は，実際に追跡することは難しいが，春先種子の回収時にできる地面をほじくった穴や芽生えを観察することで間接

写真2 ハイマツの芽生え(1996年7月秋田駒ヶ岳にて,梶本撮影)。このキャッシュからは計14個の芽生えが観察された。

的に確認することができる。奥羽山地の湯森山や秋田駒ヶ岳周辺では,こうしたキャッシュの回収跡や芽生えは(写真2),パーチの場所から比較的近い(数十m)尾根筋や斜面の,とくにまばらな低木群落やガンコウラン,ミネズオウなど矮生群落のなかでよく観察される。一方,ハイマツ群落の林床で芽生えを見かけることはほとんどないため,ホシガラスはおもにこうした風衝地のパッチ状に開けた場所をキャッシュサイトとして好むことが考えられる。

芽生えの数は,1キャッシュあたりおよそ5〜15個で,ときには20個を超える例もある。上述の調査地の場合,ホシガラスがキャッシュ地点を再び見つけだす機会を,仮に回収跡の穴の数と回収されずに芽生えが確認された地点の割合から推定すると90%前後に達していた(梶本,未発表)。ヨーロッパ・アルプスの高山に分布し,ハイマツと同様にホシガラスによって種子散布される *Pinus cembra* についても,キャッシュされた種子が春先回収される確率は平均82%と高い値が報告されている(Mattes, 1982)。ホシガラスの記憶力は高く,かなりの割合で貯蔵地点を再び見つけだし種子を回収

する。こうした点をみると，回収をまぬがれて発芽にいたる種子はキャッシュされた全体のせいぜい2〜3割と考えられる。

実生の定着，生存と水分条件

図5は秋田駒ヶ岳でハイマツの芽生えの生残を2年間追跡した結果を示したものである。発芽は6〜7月の約1カ月間に順次確認されたが，この段階で芽生えの約73％が枯死している。この枯死のほとんどは，ホシガラスが穴をほじくって種子を回収する際に芽生え途中のものがまきこまれて食いちぎられたケースにあたり，残りが立ち枯れであった。その後，夏から秋まで実生の枯死は少なく，秋以降翌年の7月初旬までに再び多くの実生が枯死している。このうち翌年5月下旬の時点で枯死が確認された実生の大半は根返りしており，融雪後の凍上による地表撹乱がおもな枯死の原因と考えられる。一方，6月から7月初旬に枯死した実生の多くは，針葉が褐変し立ち枯れ状態にあったことから，おもに土壌乾燥が原因で枯死したものと思われる。このようにキャッシュから芽生えたハイマツの実生は，1〜2年目までの早い段階でかなりの数が枯死するが，その生き残りを決めるうえでとくに重要な時期は，ホシガラスの回収行為に見舞われたり凍上や土壌乾燥などの影響をうけやすい春先から初夏といえる。

湯森山で最近20年間について実生の定着パターンを調べた例では，年ごとの実生定着数は気温よりも降水量(7月)の年変動によく同調することがわ

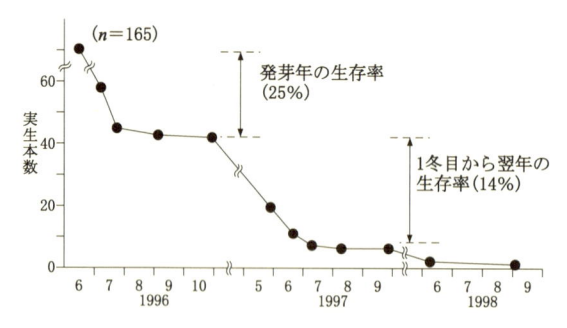

図5 ハイマツの当年生実生の生存曲線(梶本，未発表)。秋田駒ヶ岳周辺でマークした18カ所のキャッシュでの観察結果。1996年7月上旬の芽生え時期における1キャッシュあたり実生定着数は平均3.4個体(最大19個体)。

かっている。さらに実生が顕著に多く定着した年は，周辺のハイマツ群落で調べた球果の豊作年の翌年，すなわち種子供給量が潜在的に多いと予想される年に必ずしも相当しないことが示唆されている(Kajimoto et al., 1998)。これらの事実は，前年のキャッシュによる種子供給が仮に多くても，発芽時やその直後に土壌水分が十分に供給されないと実生の定着はかなり制限されることを意味している。キャッシュによる種子供給量よりも水分条件に依存した実生の定着パターンは，やはりロッキー山脈の高山に分布する近縁の*P. albicaulis*についても報告されている(Tomback et al., 1993)。このマツの場合，キャッシュされた種子は2〜3年休眠発芽能力を維持するため，好適な水分条件の年にある程度揃って発芽することが指摘されている。ハイマツについても，同じキャッシュ地点から1年遅れて発芽した個体が観察されることもあり，発芽直後の生存とともに発芽自体にも十分な土壌水分が必要と考えられる。

　ハイマツの実生定着は，ホシガラスによる種子のキャッシュや回収行為の影響をうけるため，更新場所としては山頂や尾根筋の風衝地といった比較的狭い範囲に限られている。さらに，ある場所で毎年定着できる実生の数についても，ホシガラスの生息数やその貯食行動にともなう種子の散布・回収量などの年変化の影響が予想される。しかし，経年的にみると実生定着の機会は，ホシガラスの貯食行動という生物的要因よりもむしろ物理的な環境要因，とりわけ発芽やその後の生存に影響する初夏の土壌水分の年変動でかなり左右される部分が多いといえる。

5. ハイマツ群落の成立を支える立地環境

　ハイマツ群落をとりまく立地環境は，本章で述べてきたように成長や更新過程における環境要因の制限という側面をとおしてみると，水分条件を1つのキーワードにして整理することができる。まず夏季の環境要因をみると，東シベリアと日本の高山で共通する点に，成長には永久凍土や降雨いずれにしろ豊富に供給される土壌水分が欠かせないことがある。つぎに冬季については，永久凍土か季節的凍土かの違いはあるが，根系が毎冬土壌凍結下にお

かれる点があげられる。日本の高山では，ハイマツ群落の分布はたしかに低温や乾燥の影響回避から必要とされるある積雪深の範囲に限定されているが（小泉，1984；沖津，1991），それは同時に土壌凍結が避けられない積雪レベルともいえる。冬季の土壌凍結は，とくに春先に水分供給上の問題をもたらす点で成長の制限要因と位置づけられるが，本種の場合，材部からの水分補填機能や伏条更新にともなった浅根性の根系形成などでうまく対応している。さらに実生による更新過程に着目すると，ホシガラスによる種子散布という生物的要因がからむ部分が多いものの，とくに定着の初期段階では初夏の土壌水分が大きな制限要因となっている。このように，ハイマツの成長と繁殖成功の重要な鍵を握る要因の多くは水分条件に関連していることがわかる。

　日本に現在分布するハイマツは，一般に寒冷期に南下したものが氷期の寒冷・温暖の繰りかえしを通じて各地の高山で隔離的にとり残された存在と考えられている。こうした時間スケールでは，ハイマツの地史的変遷もおおむね気温変動に対応したものといえる。本種が日本の高山に生き残れた背景には，マツ属のなかでももっとも耐凍性が高く寒冷気候に適応していること（酒井，1981），さらに矮生の生育形によって冬季の低温や乾燥から積雪下で回避できる特性などがあげられる（沖津，1991）。その一方で，本章で指摘したように成長や更新といった基本的プロセスには豊富な土壌水分を必要とすること，つまり水分要求度が比較的高いマツであることも見逃せない重要な事実で，とくに日本の高山のハイマツの場合，それは夏季降水量の多さによって支えられているといえよう。

　今日，温暖化をはじめとする気候変動が植生へおよぼす影響が懸念されるなか，さまざまな気候変化のシナリオにもとづく将来の植生動態予測に関連する研究がさかんに行なわれている。日本の高山植生の場合，とくにそれを特徴づけるハイマツ群落が気候変動にともないどう推移するかも興味深い問題のひとつである。本章で指摘したような本種の生態と水分環境の密接なリンクを考えると，群落動態の推移を予測するにあたっては，少なくとも単純な気温上昇だけではなく降水量（あるいは降雪量）の変化も十分加味したシナリオが必要であろう。

第7章 熱帯高山の植生分布を規定する環境要因

京都大学・水野一晴

　熱帯は日本ともっとも気候環境が異なる地域である。気候環境が大きく違えば，高山植物の生育環境も，当然大きく異なるであろう。もし，熱帯高山における植物の立地環境を明らかにすることができれば，両者の比較により，日本における高山植物の生育環境の特徴を，より明確に把握することができるのではないだろうか。そう考えて，私は熱帯高山での調査を始めた。

　熱帯高山といえば，南米のアンデス山系，アフリカのキリマンジャロ，ケニア山，ルウェンゾリ山塊，ボルネオのキナバル山，ニューギニア島の山々などがある。ここでは，とくに私が調査したケニア山とアンデス山系の場合について論じることにする。

　日本の高山植物の立地に大きく働く環境要因を考えると，積雪と風があげられるであろう。とくに，日本海側は世界でも有数の豪雪地帯であり，その影響は大きい。しかし熱帯高山の場合，日本以上に高山植物に雪の影響があるところは少なく，たとえば，ケニア山やキリマンジャロでは降雪量が少ないために，消雪時期は植生の立地条件として重要ではない。ただ，熱帯高山において，ある標高以上の高さをもつ山は，山頂付近に氷河が存在し，それが高山植物の上限を抑えていることが多い。

　ところが近年，温暖化が世界中の氷河を後退させているため，高山植物の分布にも異変が起きている。日本には氷河が存在しないために，そういった現象を見ることはできない。しかし世界的な視野にたてば，きわめて重要な問題であろう。そこでまず第1節で，温暖化による氷河の後退とそれにとも

なう高山植物の遷移について考察する。

　次に，風についてであるが，日本の上空でジェット気流が収斂するために，日本の高山の山頂部は世界一の強風帯に位置している。たとえば，ケニア山の上空と日本の本州の上空を比較すると，東西成分の風速は 700 hPa (mb)（標高約 3000 m）で，ケニアの年平均 3.5 m/s（東風）に対し，日本は 9.7 m/s（西風）で，とくに，12～2 月は 14.7 m/s である。500 hPa（標高約 5000 m）になると，ケニアの年平均 4.3 m/s（東風）に対し，日本では 20.0 m/s（西風），とくに，12～2 月は 29.2 m/s（西風）である (Newell et al., 1972)。このことから，日本では風が植物に与える影響が大きいが，一般的に熱帯地域では風が弱いため，熱帯高山の植物分布には日本ほど風の影響はないと考えられる。しかし，日本の高山では，冬季にも雪が積もらないような風衝地で，地表の凍結・融解作用が大きく植物分布に影響を与えている。それにかかわっているのは，一日の気温変化である。高緯度の場合，気温の年較差（年変化）は大きく，日較差（日変化）は小さい。熱帯のような低緯度地域は気温の年較差は小さいが，日較差は大きい。当然，このような違いは，高山の植物分布に大きくかかわってくる。したがって，第 2 節では，熱帯の一日の気温変化の激しさが，植物の分布に与える影響について論じたい。さらに第 3 節では，日本の山は標高が低いため山頂まで高山植物が到達しているが，もっと標高の高い熱帯高山では，その上限を支配している環境要因にどのようなものがあるか考えてみたい。

1. 氷河の後退と高山植物の遷移——ケニア山

　ケニア山 (5199 m) はアフリカ第二の高峰であり，その南面にケニア山第二の氷河，チンダル氷河がある（水野，1995 b）。しかし，チンダル氷河はほかの氷河同様，20 世紀初頭より後退し続けている（図 1）。氷河が前進したとき，ブルドーザーのように堆積物を前に運び，その後氷河が後退するとその堆積物の小山をそこにおいていく。その堆積物の小山をモレーンというが，図 1 に示すように，チンダル氷河の周辺にはルイス・モレーンとチンダル・モレーン（I，II）が見られる。これらは，ルイス・モレーンが今から約 100

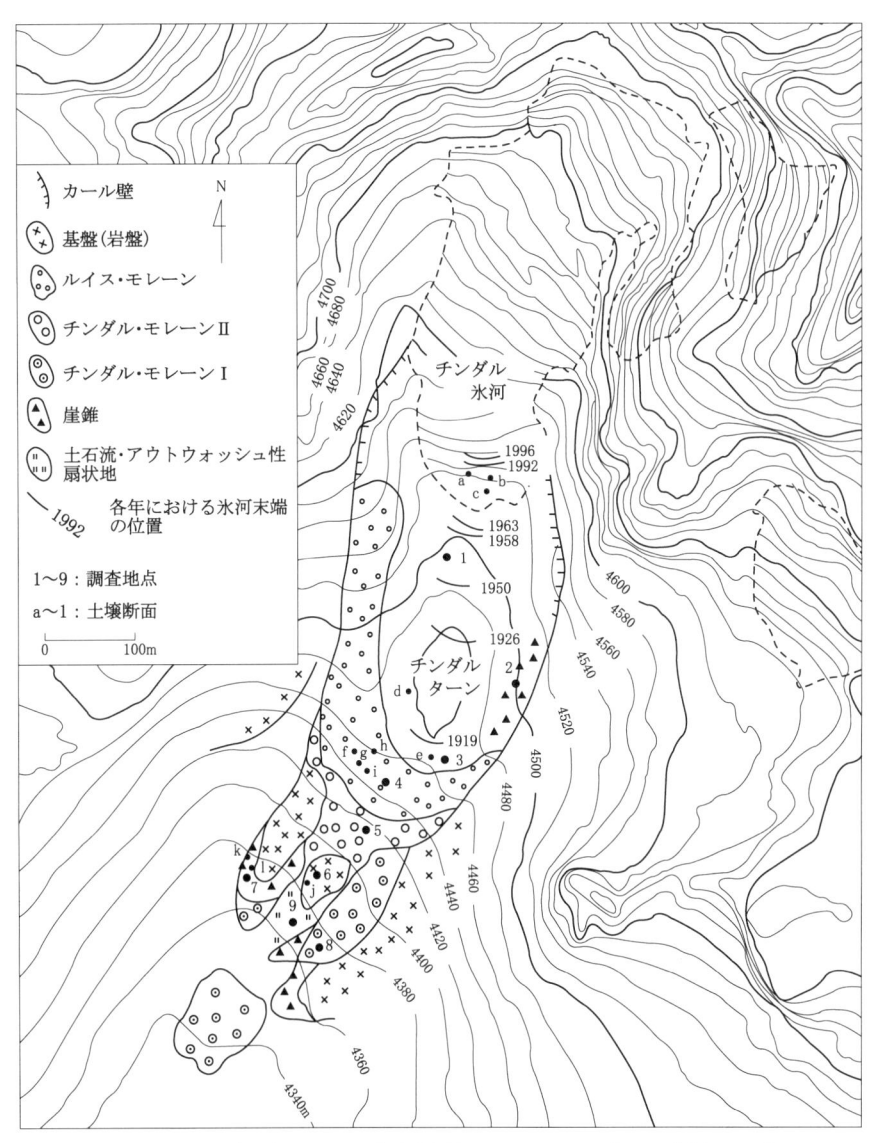

第 7 章　熱帯高山の植生分布を規定する環境要因　101

図 1　ケニア山チンダル氷河周辺の地形学図（Mizuno, 1998；水野・中村, 1999）。チンダル氷河末端の位置は，1919 年・1926 年・1963 年：Hastenrath (1983)；1950 年・1958 年：Charnley (1959) にもとづく。ルイス・モレーン（ルイス・ティル）とチンダル・モレーン（チンダル・ティル）の名称は，Mahaney (1989) および Mahaney and Spence (1989) にもとづく。

年前以前，チンダル・モレーンが約900〜500年前ぐらいの氷河前進期に形成されたと考えられている(Mahaney, 1989; Mahaney and Spence, 1989; Mizuno, 1998)。

　1997年8月に，チンダル氷河の融けたところからヒョウの遺体が発見された。ヒョウには骨に皮がまだ残っており，一部にヒョウの斑紋やヒゲも残っていた。このことは，ヒョウが死んですぐに氷のなかに閉じこめられ，1997年8月まで，まったく一度も氷から露出することがなかったことを示している。このヒョウの年代は，名古屋大学タンデトロン加速器質量分析計を用いて，放射性炭素(^{14}C)年代測定によって，約900年前(±約100年)の，すなわち平安時代末期(A.D. 1000〜1200年のころ)のものであることが半明した(水野・中村，1999)。今から900年前ぐらいまでは世界的に暖かく，その後急速に寒くなっていき，それは19世紀まで続いたことはすでに知られている(Dansgaard et al., 1975；吉野，1982)。このことから，ヒョウは暖かい時代の最後のころに氷河のクレバスにはまり，その後急速に寒くなって氷河のなかに長く閉じこめられ，近年の温暖化によって氷河の融けたところから1997年にでてきたというわけである。ヒョウが氷のなかにとじ込まれた約900年前という年代は，ほぼチンダル・モレーンIの形成年代にあたる。したがって，ヒョウの発見やそれの生存年代，およびその保存状態は，Mahaneyによって推測されたチンダル・モレーンIの形成年代(約900年前)を裏づけることになったし，それらが世界の過去の気候変動とつじつまが合うことから，世界的な気候変動がアフリカでも同様に起きていたと考えられる。

　チンダル氷河は，今世紀初頭より一貫して後退しているが，とくに1958年以降は，毎年約3mの速度で後退している(図2)。それでは，氷河が後退するにつれて，どういう現象が起きているかということだが，興味深いことに，植物が前進していく過程が見られた(図2)。氷河末端からもっとも近距離に侵入した先駆的植物は *Senecio keniophytum* であるが，その最前線の位置(その地点より後方にその植物が分布している)は氷河末端からわずか6m(1958年)，12m(1984年)，18m(1992年)，8m(1994年)，10m(1996年)，7m(1997年)である。その進出速度は1958〜1984年の平均が2.7m/年，1984〜1992年は2.1m/年で，氷河の後退速度(2.9m/年)とほぼ同じ速

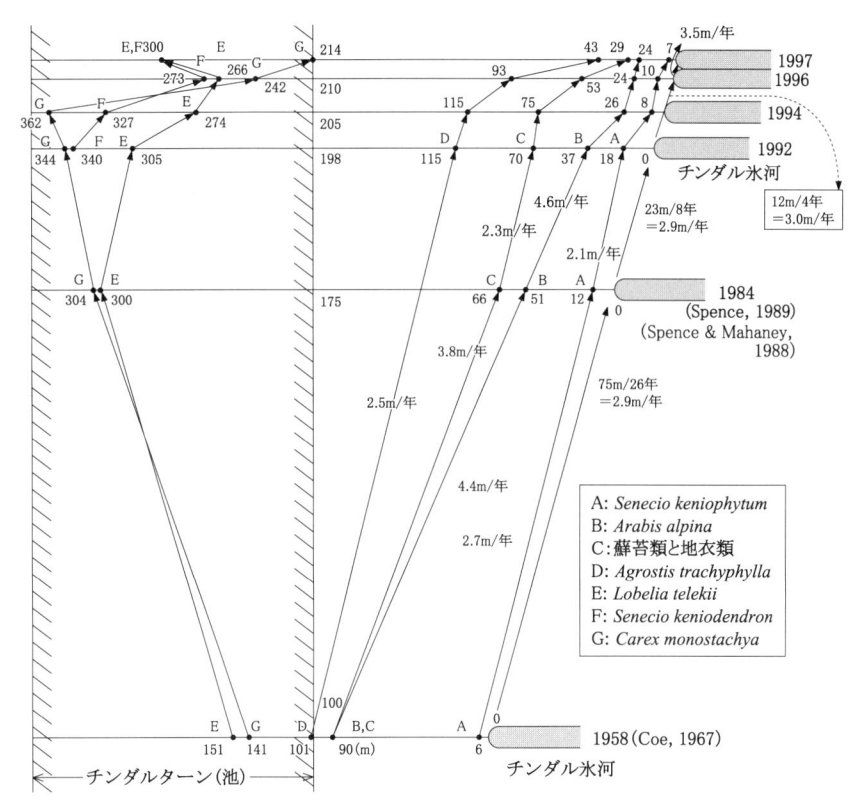

第7章 熱帯高山の植生分布を規定する環境要因 103

図2 チンダル氷河の消長と植物の遷移（水野，1999；水野・中村，1999）。横軸：チンダル氷河末端から各植物種の生育前線までの距離(m)，縦軸：年代（縦軸の長さは年数を示す），矢印：チンダル氷河末端および各植物種の生育前線の位置の移動（矢印の傾きは移動速度を示す）

度で前進している。ほかの植物はどうかといえば，先駆的植物の *Arabis alpina* や蘚苔類・地衣類も氷河が後退するにつれて前進している。

S. keniophytum の場合，種子をタンポポのように風で飛ばし，その種子がまだ何も生えていない氷河の末端近くに落ちる。その後，それが発芽し，成長するかどうかは，地面の条件にかかってくる。氷河末端近くの *S. keniophytum* の分布状況を調べてみると，午前中に太陽の光がバティアン峰の陰になって，地面のうける受光量が少ない場所にはあまり生育せず，受光量の多い西側に多く分布している（Mizuno, 1998；水野，1999）。また，岩

盤が尾根状（堤防状）に凸型の斜面をつくっているところに多く分布し，岩盤の割れ目や岩塊のすき間などに多く生育している。その理由は，岩盤の割れ目や岩塊のすき間には，細粒物質がたまりやすく，そこに種子が落ちると，その細粒物質に保持された水分の供給をうけて植物は生育し，さらに細粒物質で根が固定されるからである。また，岩盤や岩塊は，地表が安定しているため，それが植物の成長にとってよい条件となっている。逆に，谷状の地形で岩屑が堆積している場所にはあまり生育できない。岩屑が堆積しているところは，水分を保持しにくいうえに，岩屑からなる地表が不安定であるからだ。

　図3は，各調査地点の土壌断面を示している。[　]内の数字は，その土壌が氷河から解放されて何年たっているかを示している。氷河末端からその地点までの距離に，氷河の後退速度[2.9 m/年(1958～1992：水野 1994, 1995 a)，3.8 m/年(1926～1958：Charnley, 1959)]をかけて推定したものである。これによれば，たとえばa・b・cの土壌（場所は図1）は，氷河から解放されて5～13年たっている。土壌はまだ砂質壌土や壌質砂土など，粒子の粗い砂質の土壌である。色は暗灰黄色や灰オリーブ色，黄灰色など，あまり黒くない。それは，腐植が少ないことを示している。生育植物は，先駆種の *S. keniophytum* のみである。それが，eの土壌のように79年たつと，シルト質粘土のように細かい粒子の土壌になり，色も黒褐色で腐植が多くなっていることを示す。このような土壌になると，大型木本性植物である *S. keniodendron* が生育できる。土壌jの場合，岩盤の割れ目に *S. keniodendron* が生育している。岩盤の表面は風化が進み黒くなっており，さらに地衣類が付着している。氷河から解放されたばかりのころは，岩盤の割れ目には小型草本の *S. keniophytum* が生育していて，土壌も先ほど示したような腐植の少ない未熟な土壌であっただろう。しかし，100年以上たった今は，*S. keniodendron* の生育している土壌は，黒褐色で腐植に富む土壌である。

　このように，氷河末端近くでは，まだ多くの植物が生育できるような土壌が形成されていない。しかし，*S. keniophytum* のような先駆的植物の根などの働きや，その植物が枯れてできる腐植の集積などにより，土壌が徐々に成熟していき，ほかの植物が定着できる環境がつくられていくのである。チ

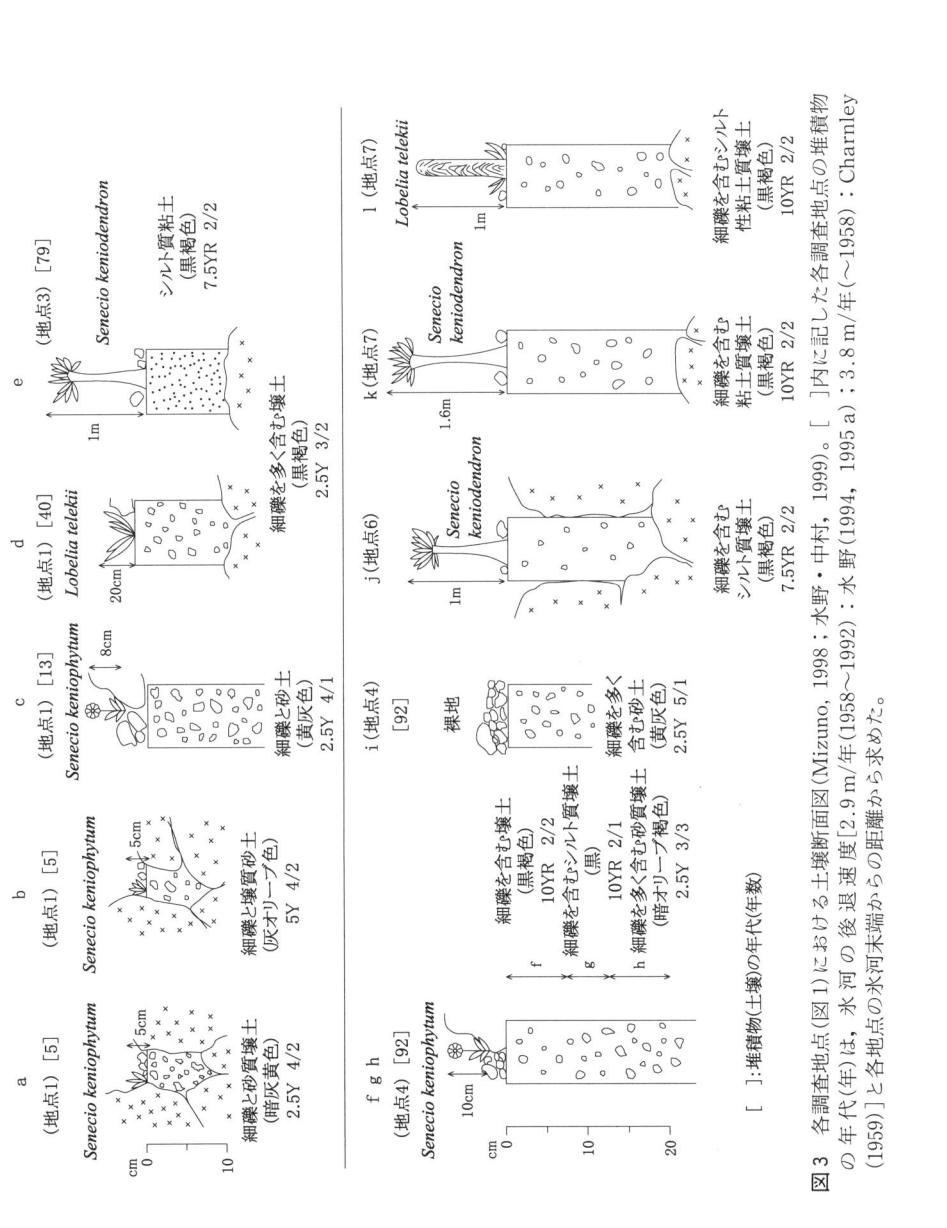

図3 各調査地点(図1)における土壌断面図(Mizuno, 1998；水野・中村, 1999)。[ ]内に記した各調査地点の堆積物の年代(年)は、氷河の後退速度[2.9 m/年(1958～1992)：水野(1994, 1995 a)；3.8 m/年(～1958)：Charnley (1959)]と各地点の氷河末端からの距離から求めた。

[ ]：堆積物(土壌の年代(年数))

ンダル・モレーン I の形成年代を約 900 年前とすると，モレーンの位置関係から判断して，イネ科草本が叢生するなかに大型木本性植物がある程度の密集度(*S. keniodendron* と *Lobelia telekii* の植被率の合計が 20%以上)で 1 m 以上の背丈をもって安定して定着するには，そこの地形にもよるが一般に 500 年近く必要とすると考えられる。

ただし土壌 i のように，92 年たっても，a や b の土壌のように砂質で黄灰色の土壌しかできていず，植物もほとんど生育していないところがある。それは，氷河から解放されてからの年数ではなく，地表の土壌移動量が大きく関係している(これについては次節で述べる)。

よく教科書などには，氷河が融けて最初に生育する植物は，蘚苔類や地衣類であるように書かれているが，少なくともここでは違っていた。それはおそらく，岩屑の表面が風化しないと胞子がつかないため，岩屑の表面が新鮮な氷河末端近くにはなかなか蘚苔類や地衣類は生育しにくいのであろう。ここでは，蘚苔類・地衣類が生育するには，氷河から解放後 10 年以上必要であった。

これまでみてきたように，気温上昇とともに植物は，気温の低い，標高の高い場所に種子を飛ばして山を登っている。そして，氷河は地球温暖化にともなって後退しているわけだが，温暖化がこのまま続くと，チンダル氷河は消滅してしまう(実際，ケニア山にかつて 18 個あった氷河は現在は 11 個となってしまった。最近では，1978 年にメルヒュイシュ氷河が消滅した)。そうなれば，高山植物は頂上まで到達し，さらには，下から追ってくる低木帯や森林帯に駆逐され，高山植物がゆき場を失って，ケニア山から消えてしまう。チンダル氷河の末端は，1919 年から 77 年間に高度で 80 m (距離で 300 m)後退した。それは，高山植物の垂直分布が 80 m あがったことを意味する。地球温暖化が終わって再び気温が下がったとき，ヒマラヤやアルプスのような山脈であれば，1 つの山から高山植物が消えても，まわりの高い山，あるいは山脈の複雑な地形の避難場所に高山植物が生き残っていれば，そこから種子が飛んで復活できる。しかし，ケニア山のような独立峰の火山の場合，まわりに高い山がないので，一度高山植物が消えてしまうと復活することは難しい(図 4)。

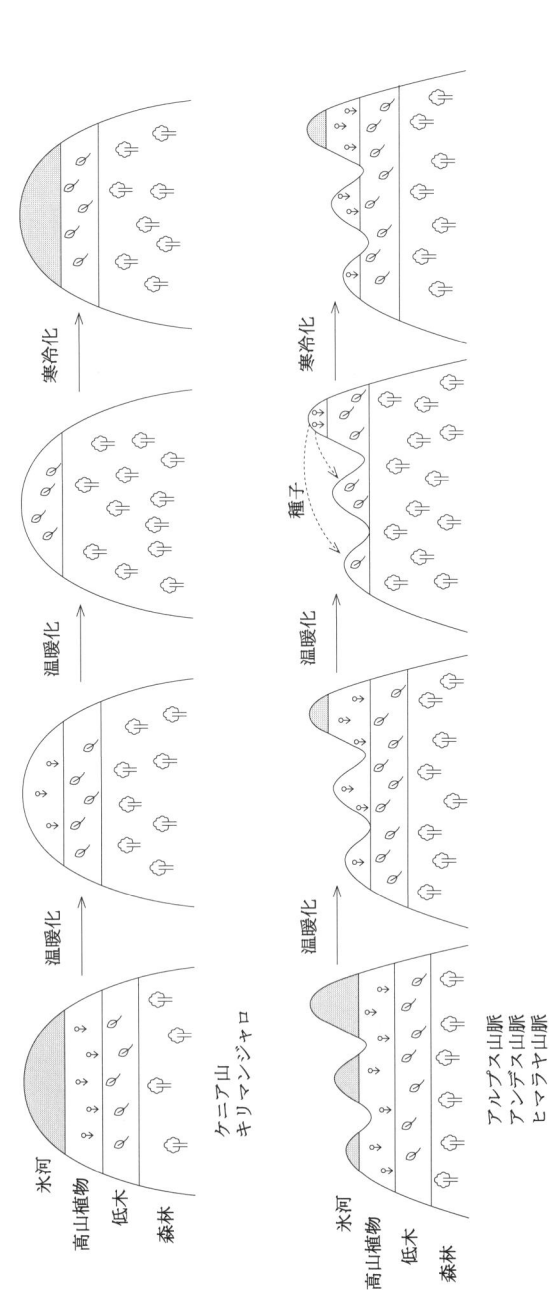

図 4 気候変動と植生の垂直分布の変化（水野, 1999；水野・中村, 1999）。アルプスやアンデスのような山脈の場合，1 つの山から高山植物が消滅しても，周辺の山や他の避難場所に残存した高山植物より高山植物より種子が運ばれてくれば，また復活できる。一方，ケニア山のような独立峰の火山の場合，温暖化によって一度高山植物が消滅してしまうと，寒冷化しても復活するのは難しい。

このように，高山は環境にひじょうに敏感な場所であるため，環境が変化すれば，植生にも，目に見える変化が現われ，それゆえ，高山での植生と環境の対応関係をみることは地球的な環境変化を知るうえで，重要であると考えられる。

2．気温の日変化と激しさが植物に与える影響——ケニア山

日本の高山の場合，雪の保護のない風衝地では，季節によって地表付近の温度が0℃を前後し凍結融解作用が活発であり，それが，植生の重要な立地条件になっている。しかし，地表付近の温度が0℃を前後する期間は春や秋などの特定な期間に限られている。たとえば，木曽駒ヶ岳の標高2850m地点で1998年に通年観測したデータによれば，気温が1日のうちに0℃を前後したのは，年間52日だけである。そのうち，月に10日以上気温が0℃を前後したのは4月(15日)，10月(11日)，11月(10日)の3カ月に限られる。一方，熱帯高山の場合，氷河などで1年中雪におおわれている高山をのぞけば，積雪におおわれている期間が短く，さらに気温の日較差が大きいため，ほぼ通年にわたり1日のあいだに0℃を前後する。たとえば，次節のアンデス山系チャカルタヤ山の標高5220m地点で，1992年に通年観測したデータ(チャカルタヤ山宇宙線観測所)によれば，気温が1日のうちに0℃を前後したのは年間334日もある。そのため，熱帯の高山帯(通年雪におおわれているところをのぞく)は日本の高山よりも植生に対する凍結融解作用の影響は大きい。

図1のケニア山チンダル氷河周辺のルイス・モレーン(地点4)は細粒物質の上に比較的小さな岩屑を載せている。地点4で観測したところ，午前中にカチカチに凍っていた地面が，午後には融けてぐじゅぐじゅになっていた。実際に地温を測定(1994年8月5日)してみると，午前8時の地温(深さ5cm)が−0.4℃であったものが，午後3時には10.7℃になっている。斜面に傾斜があると，ソリフラクション(地表の凍結融解などによる土壌物質のゆっくりとした流動)が生じ，その動きから逃げるように，植物は大きな岩の脇に生育する。

表1には，図1の各地点の環境と高山植物群落の種組成が示されている。調査地点は氷河の末端に近い場所から順に1，2，3……と設けてある。また，堆積物の年代は，氷河末端から各地点までの距離に，氷河の後退するスピードをかけて，その場所が氷河から解放されてから何年たっているかを示している。氷河の末端近くは，まだ植物が生育するのに不十分な土壌条件であるため植被率（植物が地表をおおう率）が低い。氷河末端から離れると，土壌条件がよくなっていくので植被率があがっていくのであるが，ここで問題になるのが地表の安定性である。地点4のルイス・モレーンは地表土壌の移動量が大きい。たとえば，1994年8月から1996年8月までの2年間の地表土壌の移動量を測定したところ，最大610cmも示した。このため，植被率が2％と低いのである。地点5のチンダル・モレーンIIは大きな岩塊からなっているので，地表は安定している。実際，岩塊の露出部に対する地衣類の付着率が90％と高いことからも地表が安定していることを裏づけている。しかし，岩塊と岩塊の隙間が大きく，そのうえ急斜面のため，細粒物質が流失している。そのため，植物が生育しにくい環境となっていて，植被率も，安定斜面のわりに低い。

　氷河末端から離れた地点6～9の場所になると，堆積物の年代が古く，堆積物の風化と先駆的植物による土壌改善により，いろいろな植物の侵入・定着が可能になる。その際，それぞれの地形をつくる，すなわち地表をおおっている堆積物の大きさが植生の分布にかかわってくる。地点6～8はそれぞれ基盤（岩盤），崖錐斜面，チンダル・モレーンであるのに対し，地点9は土石流扇状地あるいはアウトオッシュ[*]性の扇状地である。地点9の扇状地の堆積物が地点6～8に比べ，小さなものから構成されているので，地表が不安定である。細かい物質が多いと，含水比が高くなり，フロストクリープ[*2]やジェリフラクション[*3]などの周氷河作用による土壌の移動が起こりやすく，地表が不安定になる（Benedict, 1970; Washburn, 1973）。そのため，植

---

[*]アウトウォッシュ（outwash）とは，氷河の融け水あるいは氷河の融け水によって運搬された堆積物（融氷河堆積物）のことをいう。ここでいうアウトウォッシュ性の扇状地とは，融氷流水によって運ばれた岩屑や融解する氷河から解放された岩屑によってつくられた地形のことをさす。

表1 チンダル氷河周辺における各調査地点(図1)の環境条件と高山植物群落の種組成 (Mizuno, 1998；水野・中村, 1999)

地点	1	2	3	4	5	6	7	8	9
堆積物の年代(年数)*	40		79	92					
地　形	カール底	崖錐	凹地	ルイス・モレーン	チンダル・モレーンII	基盤(岩盤)	崖錐	チンダル・モレーンI	土石流・ウォッシュ性扇状地
地表面角礫層の礫径分布 (cm) ( )：平均値	1〜500 (70)	細粒土層をおおう岩屑 1〜500(30)	1〜300 (50)	細粒土層をおおう岩屑 1〜500(30)	50〜500 (150)	20〜300 (100)	1〜300 (50)	50〜500 (150)	1〜200 (30)
安定 ←→ 不安定　A　B　C	A	C	A	C**	A	A	A	A	B
氷河の末端からの距離	短い ――――――――――――――――→ 長い								
岩塊露出部への地衣類被覆率(%)	0	0	30	30	90	95	70	90	40
植　生									
植被率(%)	1	1	9	2	10	36	45	40	28
Senecio keniophytum	1	1	5	2	8	5	15	5	2
Arabis alpina	+		1			+			
養生草本	+		+						
*Agrostis trachyphylla*ほか			+			18		14	20
Carex monostachya					1	3	10	1	1
Lobelia telekii			1	+	1	10	20		5
Senecio keniodendron			1						

*：堆積物の年代は，氷河の後退速度[2.9 m/年(1958〜1992)：水野(1994, 1995)；3.8 m/年(〜1958)：Charnley (1959)]と各地点の氷河末端からの距離から算出された．

**：1994年8月〜1996年8月の2年間における地表の最大移動量は610 cmである．

被率が低くなるし，S. keniodendron や L. telekii などの大型木本性植物も生育しにくい．

　ケニア山では，日本ほど雪や風の条件が厳しくないため，生育している植物も日本の高山に比べ，大型・長高のものが多い．しかし，日中と夜間の温度差が激しいため，この温度差に適応できる特別な植物だけが生育しているのである．たとえば，ケニア山の標高 3800〜4500 m に生育する S. keniodendron や南米アンデスの標高 3000〜4400 m に生育する Espeletia 属 (キク科) の数種などのジャイアントロゼット植物は半木性の 1〜5 m の直立した幹の上にロゼット状に常緑性の大きな葉をつけ，地表付近の低温域を回避している．その葉は老化した後も何年も落ちずに垂れ下がり，幹のまわりをマントのように一面おおって密な断熱層を形成している．そして，そのロゼット葉は日中に開き，ロゼットのなかの温度を高めて成長を促進し，夜間は閉じて，芽の成長点の温度降下を緩和している．また，ケニア山に見られる L. telekii の場合，ロゼットの中央には深さ 10 cm 近くも水滴で満たされ，寒い夜のたびに水の表層は 0.5〜1 cm 程度凍るが，水の下層は凍らず，内部を保護している．これらの大型木本性植物は，それらとともにイネ科の植物が叢生して団塊 (タソック) をつくっているが，新しい茎葉はタソックの中心部にあり，低温や乾燥から保護されている．このように熱帯の植物は，夜の寒さに対応しているのである．また，キリマンジャロやケニア山のように比較的降水量が少ない熱帯高山では，水分の蒸散を防ぎ，乾燥に耐えるため，葉が小さく，クチクラ層が厚く発達し，多肉的な葉をもつ植物が多い．これらの葉は，強い紫外線にも適応している．

　熱帯高山では，高・中緯度の高山同様，氷河時代における氷河の拡大が植生に大きく影響を及ぼした．たとえば東アフリカの高地は，氷河の影響をう

[*2][109頁注]フロストクリープ (frost creep) とは，地表近くの堆積物が地表面の凍土 (土が凍結する際に地表面が押しあげられる現象) と融解時の低下によって上昇・低下を繰りかえしながらしだいに斜面下方へ移動する運動．ジェリフラクションとともに周氷河性のソリフラクションをもたらす．

[*3][109頁注]ジェリフラクション (gelifluction) とは，土壌の凍結・融解が起きる際，融解中の活動層 (夏季に融解する凍土層の上部) や表土の重力による下方移動をさす．

けたため，そのフロラの構成植物の種類数が 300 種弱と少ない。その数は，たとえば氷河の影響をうけなかったロライマ高地(ベネズエラ・ガイアナ・ブラジルの国境に位置する)のフロラ(4500 種)と比べると，いかに少ないかがわかるであろう。

3. 熱帯高山における高山植物の分布の上限に影響を与える環境要因——アンデス山系

ケニア山では上部に氷河が分布し，氷河が後退するにつれ植物が前進し，氷河が植生分布の上限に影響を及ぼしていたことはすでに述べた。それでは，山頂付近に氷河がない場合，植生分布の上限に影響を与えている環境要因は何であろうか？

まず，当然考えられるのは，気温の低下である。気温の低下が生じれば，植物の生育が不可能になるような生理的障害が起き，生育できなくなる。しかし，ここでもし，気温低下だけが植生分布の上限にかかわっているとすれば，ひとつの山で，受光量や傾斜が同じ条件をもつ同一の斜面であれば，植生分布の上限は一定のはずである。はたして，そのようになっているのであろうか。それを確かめるために，南米のアンデス山系にでかけていった。なぜならば，キリマンジャロやケニア山，ルウェンゾリ山塊など，アフリカの高山は，みな山頂部に氷河が分布するからである。

アルティプラノ(ボリビア高原)のコルディレラ・リアルのチャカルタヤ山(5395 m)は，ケニア山(5199 m)より標高は高いが，ケニア山のように山頂部をいくつもの氷河がおおうということはなく，一部の斜面にごく小さな氷河があるのみである。Jordan(1991)によれば，チャカルタヤ山では標高約 5200 m に均衡線*があり，それより上部に一部氷河を有する。しかし，それは山域のごく一部のため，そのあたりの植生の上限を抑制するものではない。したがって，ここでは氷河の影響は考えない。

熱帯のような気温の高いところでは，当然，雪線の高度もあがる。しかし，

---

*均衡線(equilibrium line)とは，氷河上で質量収支が正の部分を蓄積域，負の部分を消耗域といい，その境界をいう。個々の氷河における均衡線の長期間にわたる平均的な位置を雪線(snow line)という。

雪線の高度が一番高いのは，もっとも気温の高い赤道直下ではなく，赤道よりいくらか南北に離れた場所である．アフリカの場合，サハラ砂漠のような乾燥地帯で雪線高度が高く，ボリビアの南緯16度ぐらいだと，雪線高度は6000 m以上に達することもある(Broecker and Denton, 1990)．逆に，赤道直下では雪線高度が下がる．なぜならば，雪線高度には気温だけでなく降水量もかかわってくるため，赤道直下では降水量が多く，山の上では雪がよく降り，雪線高度が逆に下がってくるのである．そのため，雪線の高度より高いところに分布する氷河も，赤道直下のケニア山には広く分布するのに，それより標高の高いチャカルタヤ山にはごく一部にしか分布しない．これもやはり南緯16度に位置するチャカルタヤ山の降水量が少ないためである．

　チャカルタヤ山の調査した斜面(斜面方位や勾配が一様の斜面を選定)は堆積岩の珪質頁岩であるが，一部は火成岩の石英斑岩が貫入し，その境界は熱的変成をうけて変成岩になっている(水野，1999)．火成岩の石英斑岩の斜面では植生分布の上限は標高5050 m，堆積岩の珪質頁岩の斜面では4950 mとその高度差は100 mもあった．植生分布の上限には低温という要因が大きく働いていると考えられるが，同じような気候・斜面方位・勾配の条件下で垂直分布が高度で100 mも違うのは，何か特別な立地因子に原因がありそうだ．そこで注目したのは節理(岩にはいった割れ目)である．標高4950 mの高さで比較すると，岩盤の節理密度(1 mの針金の輪を岩盤にあてたときの節理と交差する回数を20回調べたときの平均値)は，火成岩(石英斑岩)が3.3，堆積岩(珪質頁岩)は13.3で，変成岩はそれらの中間値の8.3(標高4910 m)と5.0(標高4980 m)を示した．

　節理のはいり方によって生産される岩屑の大きさが異なっていた．節理密度の小さい火成岩(石英斑岩)の斜面は長径(岩の長いほうの直径)が50 cm以上のものが斜面の35%(20 cm以上のものは斜面の50%)を占め，大きな岩屑からなっているのに対して，節理密度の大きい堆積岩(珪質頁岩)の斜面は長径が10 cm以下の岩屑が斜面の85%を占めて，細かい岩屑からなっている．変成岩の斜面はそれらの中間で，10 cmから50 cmの長径の岩屑が斜面の70%を占めている．標高約4950 mの斜面の植被率(地表を植物がおおう率)は，火成岩(石英斑岩)の斜面が20%，堆積岩(珪質頁岩)の斜面が

0％，変成岩はそれらの中間値の10％を示した。このように，同じ標高4950 mの地点で比較すると，石英斑岩の斜面と珪質頁岩では，岩の大きさも植被率も大きく異なっていたのである(水野，1999)。珪質頁岩には，地表の動きを示す構造土の一種，条線土も見られた。

　したがって，植生分布の上限の高度や斜面の植被率には，地表面をおおう岩屑の大きさが影響し，その地表の岩屑の大きさにはその岩質による節理のはいり方の違いがかかわっていることが明らかになった。とくに，熱帯高山の気温や地温は日変化が大きく，チャカルタヤ山でも通年にわたって，1日のあいだに0℃を前後する［チャカルタヤ山の5220 m地点で1992年に通年観測したデータによれば，1日に0℃を前後したのは年間334日(チャカルタヤ山宇宙線観測所気象データより)］。たとえば，8月16日(1993年)に5010 m地点で測定した地温(深さ10 cm)をみると，午前9時に−2.1℃(気温0℃)であったものが，午後2時には11.9℃(気温6.4℃)まで上昇していた。気温に比べ，とくに地温の変動幅は大きく，その結果，通年にわたり，凍結融解作用が活発である。そのためケニア山で示したように，地表面構成物質の砂礫の大きさがソリフラクションのような周氷河作用による地表の移動量の差をもたらし，さらに，その移動量の差によって植生分布の上限の位置や植被率が大きく異なってくるのである。

第III部

高山植物の生活史特性

高山植物は鮮やかな花を咲かせるものが多い。夏山を彩るお花畑は高山帯をもっとも強く印象づける景色でもある。しかし寒冷で夏が短い高山環境では，花粉媒介昆虫の種類も活性も低地に比べて一般に低い。また植物の開花時期は雪どけ時期や気温の季節的推移によって大きく影響される。気温の低い生育シーズン初期に開花しても，それほど多くの昆虫に訪花してもらえないかもしれない。また開花が遅すぎると，種子を十分に成熟させる時間が確保できなくなる危険性が高まる。このように，開花時期は種子生産の成功度に強く関係していそうである。たとえ種子生産に成功しても，その種子が発芽・成長し，再び繁殖できるまでに生き残れる確率はひじょうに小さいだろう。もっとも生存確率が低いのは，発芽してから実生が定着するまでの生育初期である。生育期間が短く，かつ季節的に気候変動が激しい高山環境では，いつ発芽するかによって生存確率は大きく異なると考えられる。ツンドラ植物では，種子繁殖を行なわずに栄養繁殖（すなわちクローンをつくる）によって子孫を残すものが多く報告されている。これは厳しい生育環境での種子繁殖の困難さを示しているのかもしれない。しかし一方で，種子繁殖のみを行なう植物もいぜんとして数多く生育している。植物にとっての生活史戦略の選択肢は，けっして1つではないのである。

　第8章では，高山植物の開花パターン変異をつくりだすメカニズムと，開花時期の変異が結実成功にどのように影響するのかについて紹介する。気候的制約により植物の分布が規定されている高山生態系においても，植物－訪花昆虫間の相互作用が高山植物の繁殖成功に重要な役割を果していることを示す。

　第9章では，生産された種子がどのように運ばれ，発芽し，生存していくのかという，生活史の初期段階で起こっている事柄についての解説である。高山植物の種子がどのような発芽特性をもち，どの程度の生存率をもっているのかを明らかにすることは，種子繁殖の意義を考えるうえで重要である。

　第10章では，ツンドラ植物にとっての種子繁殖と栄養繁殖の意義について考える。なぜ同じ環境にありながら栄養繁殖を行なうものと種子繁殖のみを行なうものが共存しているのか？　また，両方を行なう植物では，そのバランスをどのように維持しているのだろうか？　これらの問いかけは，植物の繁殖システムを理解するうえでひじょうに重大な意味をもっている。

第8章 高山植物の開花フェノロジーと結実成功

北海道大学・工藤　岳

1. お花畑の花暦

　北海道の屋根，大雪山系は高緯度に位置しているうえにそのなだらかな山容のために，森林限界を越えるいわゆる高山帯が面的に広がっている。そこにはじつに多くの高山植物が生育しており，日本で最大の高山生態系をつくりだしている。遥かアラスカやシベリアの極地ツンドラを思わせるような広大な大地の連なりは，当惑してしまうような開放感を登山者に与えてくれる。短い夏のあいだに次々と咲き乱れる高山植物は，その鮮やかさと多様さがとくに印象的である。山頂や稜線の雪がとけ始める5月中旬から再び雪に閉ざされる10月初旬までの約5カ月間が植物の生育が可能な期間であり，高山植物の花が見られるのは5月末から9月上旬のせいぜい3カ月たらずである。この短い期間に高山植物はほぼ1週間単位で花期を交代していく。

　5月下旬までに雪がとけるのは，通常〝風衝地〟と呼ばれる山頂付近や稜線上である。このような場所は，文字どおり風が衝突するように吹きつけるために，冬のあいだも雪が吹き飛ばされてほとんど積もらない。そのために風衝地に生育している植物は，もっとも早い時期から成長を始めることができるのである。しかし，5月下旬から6月中旬にかけての初夏は，夜間の気温が氷点下にまで下がることも珍しくなく，ときには積雪をみることもある。このようなひじょうに寒冷な時期にまっ先に花を咲かせるのは，コメバツガ

ザクラやウラシマツツジである。いずれも小さなあまりめだたない花であるが，朝，霜の降りた地面にこれらの花を見つけたときは，高山の長い冬の終わりを感じる。その後，ミネズオウ・キバナシャクナゲ・イワウメ・クロマメノキと次々と開花が続く。高山の夏を告げるこれらのトップランナーたちは，いずれも矮生低木種である。7月にはいると開花する植物の種類は急増する。ヒメイソツツジ・タカネオミナエシ・エゾツツジ・タルマイソウ・マルバシモツケ・コメモモとさまざまな種が咲き競う。高山植物の女王，コマクサの花もこの時期に見られる。チシマギキョウやウスユキトウヒレンの紫色の花が終わる8月半ばごろ，風衝地には早くも秋の気配が漂い始める。

　大雪山系のまんなかあたりに，五色が原と呼ばれる広大な草原が広がっている。7月になるとこのあたりには突如として一面のお花畑が出現する。圧倒的に多いのはハクサンイチゲの白い花で，チシマノキンバイソウの鮮やかな黄色い花が次いで彩りを添える。おそらく日本一の規模を誇るこの広大なお花畑は，適度な積雪と土壌水分によって支えられており，比較的背の高い（といっても30 cmそこそこだが）草本種によって構成されている。植生学的には，"高茎草原" あるいは "雪潤草原" と呼ばれることもある。

　南東向き斜面や窪地には雪の吹きだまりができ，その厚さはときには20 mにも達する。このような場所は雪渓として夏まで雪が残り，場所によっては越年雪渓すなわち万年雪となることもある。雪どけが遅い場所は一般に"雪田" と呼ばれていて，雪田植物群落という特有の高山植生が形成されている。典型的な雪田植物は，チングルマ・エゾコザクラ・エゾツガザクラ・アオノツガザクラ・ハクサンボウフウ・ミヤマクロスゲなどであり，常緑性矮生低木・落葉性矮生低木・広葉草本・禾本類とさまざまな生育型をもった多様な植物で構成されている。雪田では冬季には厚い積雪による断熱効果のために，土壌が凍結することもなく，夏は十分気温が上昇したころに雪から解放されるので，植物はほとんど低温に晒されることがない。しかし，短い生育期間に開花・結実を終わらせなくてはならないという時間的制約を強く課せられている。そのために雪どけ後ただちに開花が始まる種が多いが，実際の雪どけ時期は場所によっても年によっても大きく変動するので，雪田植物群落の開花時期は7月中旬から9月中旬と比較的長い。

このように高山植物の開花時期や種類は場所によってさまざまであり，これは高山環境が積雪分布の違いよってつくりだす立地の違いを反映したものである。植物にとって花を咲かせるということは，種子を形成し次世代の子孫を残す，きわめて重要な繁殖活動である。フェノロジーという生態学用語は，生物季節学とも呼ばれており，生物の行動の季節的な変化のパターン，機構，意義について研究する学問である。開花フェノロジー研究は，開花という繁殖活動を植物の適応戦略として生態学的に調べることである。それでは高山植物群落内の開花時期の種間差や群落間の開花パターンの違いは，その繁殖成功とどう関係しているのだろうか？　お花畑の開花フェノロジーについてみてみることにしよう。

2. 雪どけ時期の違いが多様な開花パターンをつくりだす

　植物の開花は温度・日長・水分状態などさまざまな環境要因によって引き起こされるが，高山植物の開花は積算温度によってもっとも影響をうける。生育ゼロ点を5℃とした日平均気温の有効積算温度によって，それぞれの種のだいたいの開花時期を表わすことができる(Kudo, 1992)。有効積算温度とは，日平均気温が生育ゼロ点以上の日について，平均気温から生育ゼロ点を引いた温度を積算していったものである。しかし植物が経験する温度は雪どけ時期に強く依存しているので，実際は雪どけ時期の違いがその地域の高山植物の開花パターンを決定しているということができる。雪どけ時期の異なる3つの植物群落の開花パターンを図1に示した。雪どけの早い風衝地群落では5月末から開花が始まり，8月下旬にすべての開花が終了するまでの3カ月ほどが開花シーズンである。これに対して7月下旬に雪が消えた雪田では，植物の開花期間は7月末から9月中旬の1カ月半しかない。しかし，雪どけ傾度が存在することによって，その地域全体の開花期間は4カ月近くにまで延長され，同種であっても開花期間は場所によって大きくかわってくるのである。尾根から窪地斜面のほんの数十mの範囲で，積雪分布の存在は時空間的に多様な開花パターンをつくりだしているのである。

　早い時期に積雪から解放される風衝地では，春から夏にかけての気温の季

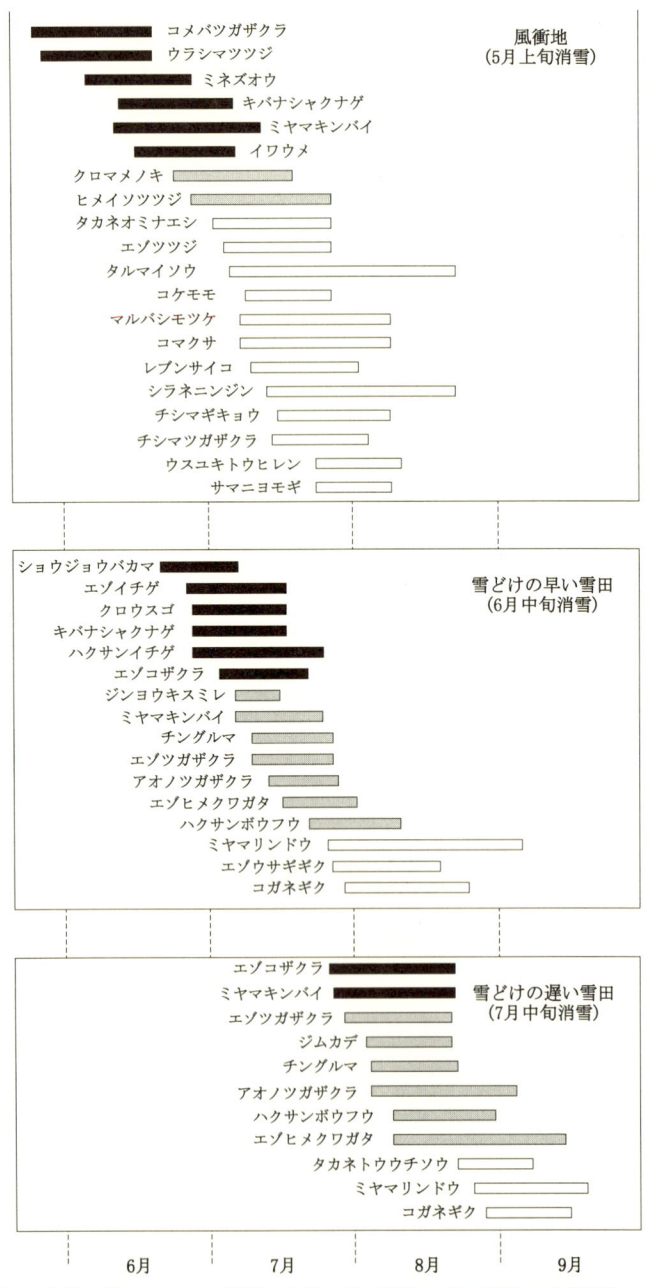

図1 雪どり時期の異なる3つの群落における主要植物の開花時期の季節変化。開花までに要する温度要求性の低い種を黒色で，中位の種を灰色で，高い種を白色で示した（図3参照）。

節的上昇とともに，有効積算温度はゆるやかに上昇していく。これに対して気温の高い夏に積雪から解放される雪田では，雪どけ後に植物が経験する積算温度は急激に上昇していく。したがって，同じ温度要求性をもった植物であっても，雪どけから開花までの期間はどの時期に雪がとけたかによって違ってくる。雪どけ後の気温のあがり方によって高山植物群落の開花パターンがどのように影響をうけるのか，簡単なモデルを使って考えてみよう。春から夏にかけて気温は上昇し，7月下旬から8月上旬にかけてもっとも高くなり，それ以降再び低下していく。9月にはいると最低気温が氷点下になることもあり，9月下旬までにほとんどの落葉性植物は葉を落とす。再び地表が雪でおおわれるのは10月上旬ごろである。

　植物の生育ゼロ点を5℃とすると，日平均気温が5℃以上の期間が潜在的な生育期間となる。そして実際の生育期間はいつ雪がとけたかによって決まる。雪どけが早い風衝地では，平均気温が生育ゼロ点に達する以前に雪が消える。このとき有効積算温度は最初なかなか増加せず，季節が進み気温があがるにしたがって急速に増加してゆく加速的変化を示す（図2B）。植物群落がさまざまな温度要求性をもった種で構成されており，その分布が一山型であると仮定したときに，実際の開花パターンはどのようになるのだろうか。もし生育期間をとおして気温が一定であるならば，それぞれの種の温度要求性の変異を正確に反映した開花が実現されるが（図2C），加速度的に有効積算温度が蓄積されていくときには，開花時期の後半に開花が集中するような歪んだ開花パターンが期待できる（図2B）。一方で，雪どけが遅く気温が十分上昇した真夏に雪がとける雪田では，雪どけ後の有効積算温度は急速に増加していくが，その後の気温低下にともなって増加速度は頭打ちになるであろう。このとき，群落の開花パターンは開花期の前半に集中すると期待できる（図2D）。群落内の種間の開花時期の重なりはこの予想どおりになっているのであろうか。雪どけの異なる3つの群落で開花時期の種間の重なりの季節変化を調べてみた。雪どけの早い風衝地では予測どおり開花期後半に種間の重なりが高く，雪田では前半に高くなる傾向がみられた（図2E）。全体的な開花パターンは予想どおりの傾向を示しているようだ。とくに雪どけの遅い雪田では種間の重なりが高く，その年に花を咲かせた種の80％の開花が

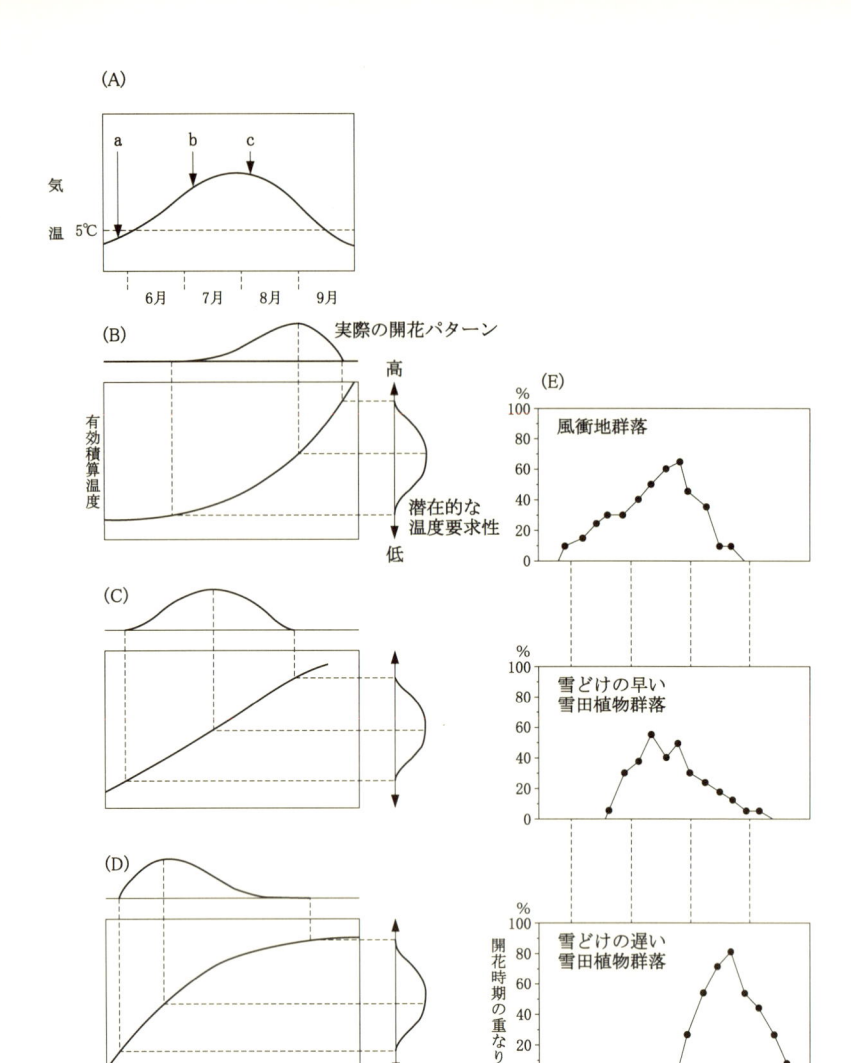

図2 雪どけ時期の違いが群落の開花パターンに及ぼす影響の予測モデル(A～D)と実際の種間の開花時期の重なりの季節変化パターン(E)(Kudo and Suzuki, 1999を一部改変)。生育シーズンを通した気温変化は一山分布を示すので(A),雪どけ時期によって消雪からの有効積算温度の蓄積パターンは異なる。生育シーズン初期(図Aのa)に消雪したとき(B),生育ゼロ点を5℃とした有効積算温度は加速的に増加していく。このとき,植物群落構成種の開花に要する温度要求性(すなわち開花に必要な有効積算温度)が左右対称の一山分布であっても,実際に起こる開花パターンは開花シーズン後半に集中すると予測される。生育シーズン中期(図Aのb)に消雪したとき(C),有効積算温度はほぼ直線的に蓄積されていくので,潜在的な温度要求性を反映した開花パターンが予測される。生育シーズン後期(図Aのc)に消雪したとき(D),有効積算温度は減衰的に蓄積されていき,開花シーズン前期に実際の開花が集中すると予測される。実際に観察された群落の開花パターン(E)は,モデルの予測と似ていた。

重なっている時期があった。生育期間の制約をうけた雪田環境では，開花時期も短期間に圧縮されている。

　種間で開花時期が重なると，花粉媒介昆虫を介した種間の相互作用の結果，受粉効率が低下する場合が多い。日本の高山では，主要な花粉媒介昆虫はハエやハナアブなどのハエ目昆虫とマルハナバチである。ハエやハナアブ類は特定の種に固執せず複数の種を訪花する傾向がある。したがって，開花時期が重なる種間で花粉媒介が生じる可能性が高く，花粉の浪費が起こりやすい。一方，マルハナバチは特定の種への固執性が高く，マルハナバチ媒花植物の種間競争が生じやすい。このため種間で開花時期をずらす傾向が多くの群落で知られている(Heinrich, 1975; Helenurm and Barrett, 1987; Yumoto, 1986)。モデルでは，それぞれの植物群落を構成する種の温度要求性が一山分布の変異をもつ場合を仮定している。つまり中程度の温度要求性をもった種がもっとも多い状況を考えている。それでは実際の群落を構成している種は，どのような開花の温度要求性をもっているのだろうか？

　開花が始まるまでの有効積算温度が100℃・日未満の種を早咲き種，200℃・日以上の種を遅咲き種，その中間を中咲き種と呼ぶことにする。それぞれの群落を構成する種の開花までの有効積算温度の頻度分布を表わしたのが図3である。風衝地植物群落は，早咲き種と遅咲き種の割合が高い二山分布を示し，温度要求性の変異幅が大きい。雪どけの比較的早い雪田群落では中咲き種の割合が高く，雪どけの遅い雪田群落では極端に低い温度要求性をもった早咲き種がいなかった。どうやら種の温度要求性は，群落によって異なるようである。生育可能期間の長い風衝地では，温度要求性の種間変異を高めることにより，種間の開花時期の重なりをある程度減少できると考えられる。モデルで予測されるように，シーズン後期の開花集中を引き起こしやすい温度環境において，極端に低い温度要求性はシーズン前半での開花を可能にし，群落内の種間の開花時期の分散に役立っているのかもしれない。一方で生育期間が制限されている雪田では，繁殖活動を短期間で終わらせなくてはならないという制約上，シーズン後期への開花時期のシフトは生じ難いであろう。種間の開花時期の重なりが大きくとも，繁殖活動の完了のためにシーズン初期の開花が選択されるのは納得できる。雪どけの遅い雪田で極端

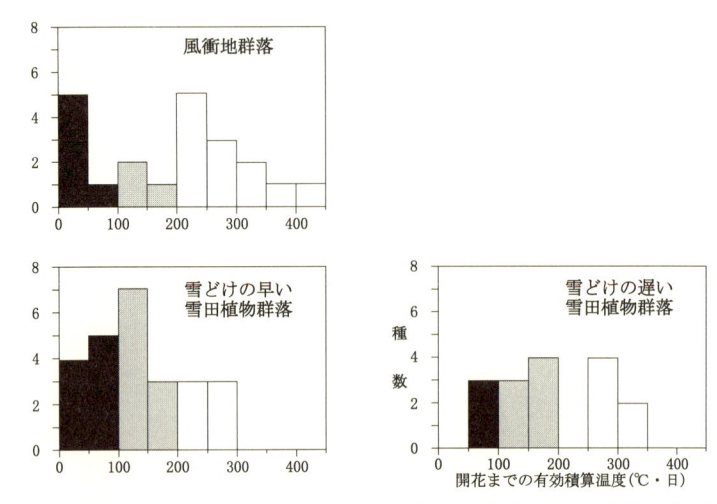

図3 雪どけ時期の異なる3つの群落における主要植物の開花に要する積算温度の頻度分布(Kudo and Suzuki, 1999 を一部改変)。有効積算温度が100℃・日未満の種は早咲き種(黒色)，200℃・日以上の種を遅咲き種(白色)，その間を中咲き種(灰色)と分類した。

に低い温度要求性をもった種がいないのは，真夏のもっとも温暖な時期に雪がとけるので，それほど低い温度要求性は必要ないためかもしれない。

以上みてきたように，高山植物の開花パターンは群落間で異なっている。群落内では開花時期の種間の重なりを緩和する種特性がみられるが，大局的には雪どけ時期の違いが引き起こす温度収支によって群落の開花パターンは影響をうけているようである。それでは次に，開花時期の変異が繁殖成功，すなわち結実成功にどのようにかかわってくるのかについてみてみることにしよう。

3. 開花時期の違いは繁殖成功にどう影響するのか？

開花・結実特性の種間比較

上に述べたように，生育期間の温度環境は季節とともに変化していく。この温度変化は，植物のみならず花粉媒介昆虫の出現時期や活性にも大きく影響する。まだ気温の低い生育シーズン初期には，ハエ類のみが有効な訪花昆

虫である．しかし昆虫の活性は温度に依存するので，寒い日の多いこの時期に花を訪れたハエ類は，同じ花のなかにじっとしていて活発に動きまわることは少ない．このような訪花パターンは植物間の花粉媒介にはあまり役立たず，自家受粉を促進することになる(Kudo, 1993)．高山・極地環境でもっとも重要な花粉媒介昆虫はマルハナバチである．マルハナバチの女王蜂は単独で越冬し，大雪山では6月中旬ごろ活動を再開する．しかしこのころは個体数も少なく，まだ気温の低い日が多いので植物への訪花頻度はそれほど多くはない．7月になり暖かくなるとハナアブ類が現われ，ハエ類の活動も活発になる．7月中旬をすぎるとマルハナバチの女王蜂が育てた最初の働き蜂が花粉集めを始める．そして気温がもっとも高くなる7月下旬から8月上旬にかけて，訪花昆虫の種類や活性は最高潮に達するのである．このような訪花昆虫の季節性は高山植物の結実成功に強く影響する．シーズン半ばに開花すれば多くの昆虫に訪花され，受粉成功を高められるかもしれないが，開花から結実に要する期間は種によって大きく異なる．草本植物は30日前後で結実できるものが多いが，常緑性の木本植物では種子成熟期間が2カ月近くを要するものが多い(Kudo, 1992)．したがって，開花時期の遅れは種子成熟期間の不足を引き起こすことになり，結実成功を大きく低下させる危険性がある．このように，植物の生活環の種特性が開花特性と関係しているのかもしれない．

　同じ群落構成種を比べたとき，開花時期と結実成功になんらかの傾向があるのだろうか．大雪山の風衝地に生育している矮生低木10種の開花時期と結果率(果実となった花の割合)を比較してみた(図4A)．その結果，早咲きの種は低い結果率を示すものが多く，生育シーズン半ばに開花する種ほど高い結果率を示すものが多かった．これは訪花昆虫の活性の季節性を反映したものと考えられるが，自家和合性や自家受粉の程度などそれぞれの種の繁殖特性も考慮する必要があるだろう．

　スカンジナビア北部の亜寒帯性高山ツンドラで137種にもおよぶ開花フェノロジーと繁殖特性を比較した研究がある(Molau, 1993)．彼の調査結果によると，早咲きの種は一般に自家受粉の起こりにくい高い外交配性と低い結実率(種子数/胚珠数比)を示し，雌雄異株(dioecy)や雌雄両全性異株(gyno-

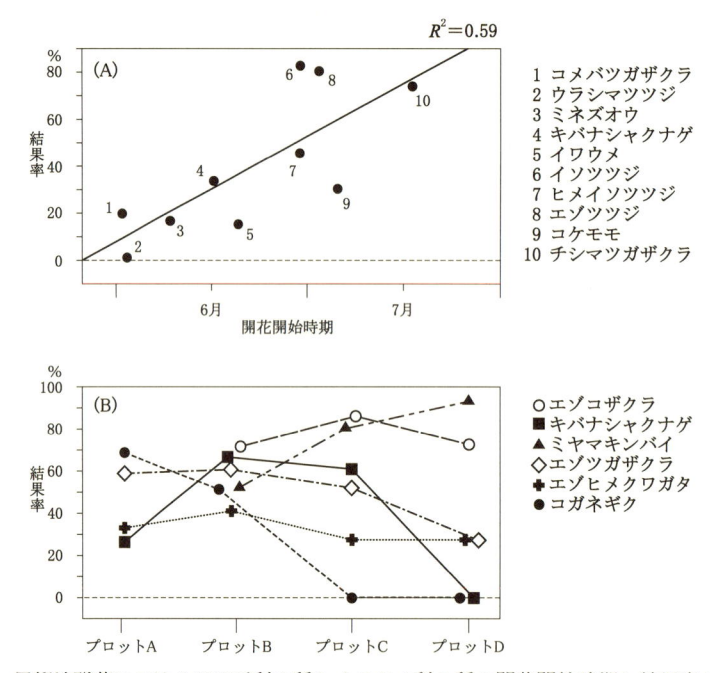

図4 風衝地群落におけるツツジ科9種とイワウメ科1種の開花開始時期と結果率の関係（A）と，雪どけ傾度にそった植物6種の結果率の種内変異パターン（B）。雪どけはプロットAからプロットDにかけて進み，プロットAでは7月初旬に，プロットDでは7月末に消雪した。

dioecy）の交配システムをもった種はすべて早咲きの傾向を示すという。これに対して遅咲きの種は自家受粉効率が高く，結実率も高い傾向があり，さらに単為生殖の1つであるアポミクシス（apomixis）やむかごを形成する栄養生殖システムをもった種のほとんどは遅咲きであるという。すなわち他家受粉による種子生産によって繁殖を行なう種はシーズン初期に開花するが，種子生産は花粉不足によって制限されることが多い。一方で，自家受粉による種子生産や無性生殖によって繁殖を行なう種は，シーズン半ばに開花するものが多いが，種子生産は種子成熟期間不足によって制限される危険性が高い傾向がある。大雪山の風衝地で観察された開花時期と結果率の正の相関関係（図4A）は，訪花昆虫の季節的活性の違いと自家受粉効率の両方が影響しているのかもしれない。他家受粉を行なう種がどうして訪花昆虫の活性の低

いシーズン初期に開花するのか，種子成熟期間を確保するには早い開花が有利なのにもかかわらずなぜ自家受粉をおもに行なう種が遅く開花するのか，その進化的意義について考えていく必要がある。

開花時期と結実成功の種内変異

　風衝地群落と雪田群落は異なった種で構成されているが，雪どけの傾度にそって広い分布域をもつ種は多い。そのような植物の開花時期は，雪どけの時期によって個体群間で大きく変異する。開花時期の種内変異は各個体群の結実成功にどう影響しているのだろうか。

　雪どけ傾度にそって設定した4つの雪田植物群落で，6種について結果率の種内変異を比較したのが図4Bである。調査を行なった1989年は，プロットAでは7月初旬に，プロットDでは7月末に雪がとけた。雪どけの遅れにともなってそれぞれの種の開花時期は遅れてゆくが，図1に示したように，雪どけから開花までに要する期間は種によって大きく異なる。たとえば温度要求性の低いエゾコザクラやキバナシャクナゲは雪どけ後1週間たらずで開花が始まるが，エゾヒメクワガタは20日ほど，コガネギクにいたっては1カ月以上を要する。雪どけ傾度にそった結果率の変化は種によってさまざまである。開花の早いエゾコザクラ・キバナシャクナゲ・ミヤマキンバイは，雪どけの遅いプロットで結果率が高くなる傾向があった。これは7月上旬から8月上旬にかけての開花時期の気温上昇にともない訪花昆虫の活性が高まった結果，受粉成功が増加したためと考えられる。しかし開花から結実まで2カ月近くを要するキバナシャクナゲは，8月にはいってから開花が起こったプロットDでは果実成熟前に生育シーズンが終わってしまい，種子生産には失敗した。中咲きのエゾツガザクラとエゾヒメクワガタの場合，雪どけ傾度にそった結果率の顕著な違いはみられなかったが，比較的長い種子成熟期間を有するエゾツガザクラの結果率はプロットDで少し低下していた。典型的な遅咲きのコガネギクの場合，結実できたのはプロットAとBだけであり，8月下旬以降に開花したプロットCとDでは，いずれも種子成熟前に秋の霜害によって枯れてしまった。このようにシーズン前半では訪花昆虫の活性の低さにより，後半では果実成熟期間の制限や霜害・凍害に

より結実成功は強く影響をうけている(Kudo, 1993)。

　雪どけ傾度にそった開花時期と結実成功の種内変異パターンについては，北米やスカンジナビア半島の高山帯での研究例がいくつかある(たとえば，Spira and Pollack, 1986; Galen and Stanton, 1991; Stenström and Molau, 1992; Totland 1994)。そのいずれの例でもシーズン初期に開花する個体群ほど結実率が高く，雪どけの遅れによる開花時期の遅れは結実率の低下や種子数や種子サイズの減少をともなっていた。そして，大雪山のいくつかの早咲き種でみられたような，開花時期の早い個体群での結実成功の低下は，ほかの地域ではあまり報告されてないようである。訪花昆虫相や昆虫のフェノロジーの地域性，気象条件の季節性，あるいは雪どけ傾度の大きさなどが関係していると考えられる。

訪花昆虫をめぐる種間競争

　訪花昆虫を共有する植物種間では，開花時期が重なる訪花昆虫の獲得をめぐって競争関係にあると考えられる。先に述べたように高山植物の開花時期は温度環境によって強く決定されている。また，とくに雪田環境のように生育好適期間が制限されているときには，繁殖活動をシーズン内で完了できるように早い時期の開花が有利になる。このような強い気候的制約のなかで，植物の種間競争を回避するような開花時期の調節は進化しうるのだろうか。日本の高山植物は大まかにはハエ・ハナアブ媒花とマルハナバチ媒花に分けられる。ハエ・ハナアブ媒花植物はマルハナバチ媒花植物に比べると種内でまとまってだらだらと咲く傾向があるという(Yumoto, 1986)。これはハエ目昆虫は特定の種への固執性が低く，気まぐれな訪花習性をもっているためである。このようなルーズな植物-昆虫送粉系においては，植物の種間競争による開花期の変更は生じにくいと考えられている(Totland, 1993)。

　一方のマルハナバチは忠実な花粉媒介者であり，一匹一匹がそれぞれ訪れる植物種を決めて訪花する。訪花する植物はそのときどきもっとも資源(すなわち花蜜か花粉)獲得効率の高い種であり，いったん種を限定した後でもその種から得られる資源量が減少したときにはさっさと別の種に乗りかえてしまうのである。このようなひじょうに厳格な訪花昆虫を花粉媒介者として

いる植物種間では，厳しい競争が働いており，競争回避の方法として植物種間で開花時期の重なりを少なくするようなフェノロジーの調節があると考えられている(Heinrich, 1975)。高山植物群落においても，マルハナバチ媒花植物種間の開花時期のずれが訪花昆虫獲得競争の結果ではないか，という研究例がいくつか報告されている(Pleasants, 1980; Williams and Batzli, 1982)。

　高山雪田環境は生育期間が短く，雪どけ後ただちに開花する性質が有利である。したがって，開花から結実まで短期間で終了できるマルハナバチ媒花植物でのみ，競争回避の方法として開花時期の変更が戦略として可能である。しかし，多くの雪田植物は雪どけ傾度にそってある程度の分布幅をもっており，雪どけ傾度にそって同種植物の開花は連続的に起こる。ある局所的な群落内でマルハナバチ媒花植物種間の開花時期の分離が起きたとしても，マルハナバチは雪どけ傾度にそった短い距離を移動することによって，ある特定の種を長期間訪花することが可能である。つまり雪田植物は同じ群落内の他種植物だけではなく，雪どけ傾度にそって成立している他群落の植物とも，訪花昆虫の獲得をめぐって競合関係にあるのである。このような状況では，開花時期の種間分離は進化しにくいであろう。雪どけが早い時期に起こり比較的長い生育シーズンがある風衝地群落においては，開花時期の変異が戦略として起こりうるかもしれない。今後の研究課題として興味深いところである。

　本章では，高山植物の開花フェノロジーが雪どけ時期の違いよって強く影響をうけており，開花時期の変異が訪花昆虫との相互作用や季節的な気候の変化をとおして繁殖成功に深くかかわっていることを解説してきた。雪どけ時期の変異が高山生態系の多様性をつくりだす主要因なのであるが，同じ場所であっても雪どけ時期は年によって大きく変動する。大雪山で観察してきた過去10年間の雪どけ時期の変動をみても，雪の多かった年と少なかった年では実際の雪どけ日に30～50日もの違いがあった。これは実際の植物の生育可能期間や開花時期が年によって大きく変動することを意味しており，高山植物の開花・繁殖特性を考えるうえで環境変動の重要性を示している。

近年とくに地球温暖化の生態系への影響が懸念されているが，温暖化にともない高山帯や寒帯・亜寒帯の積雪分布は大きくかわっていく可能性がある。積雪の減少は雪どけ時期を早め，高山・極地植物の生育開始時期を早めることになるが，それだけ植物は寒冷な春の気候に晒されることになる。寒冷環境に適応進化してきた高山・極地植物ではあるが，繁殖器官である花の耐寒性はそれほど高くなく，雪どけの早い年にはとくに早咲き種の花芽が凍害により大打撃をうけてしまう。このような状態が数年続くと，植物の繁殖活性や種子生産が低下し，埋土種子プールが枯渇し，高山植生は大きく変化していくという深刻な事態になりかねないのである(Inouye and McGuire, 1991)。

第9章 高山植物の発芽と定着

静岡大学・木部　剛

　夏の高山帯を歩くとき，お花畑の美しい花々に目を奪われるだろう。我々がふだん目にするのは花をつけるような，いわゆる成熟した植物たちであるが，高山の夏は短く植物たちの生育可能な期間も短く制限されている。そのような環境下で種子から発芽してその場所に無事に定着することができる植物は，じつはほんのわずかである。たとえば，これから大海に旅立っていくウミガメの赤ちゃんのように，高山植物の種子も生き残るためにはさまざまな障壁を乗り越えていかなければならないのである。

1. 散布された種子はどんな場所に運ばれるのか

種子の形態と土壌の性質によって種子の行き場所が決まる

　ここではまず散布された種子のその後の運命をたどっていくことにする。種子には植物種によってさまざまな形態があり，またその大きさもいろいろである。また，1つの個体のなかでも種子の大きさにはばらつきがある。種子が散布されるとき，この形や大きさの違いがその後の種子のたどる運命を大きく左右するのである。

　夏から秋にかけて成熟した種子は土壌表面に散布されるが，散布後その場にとどまるもの，風や水の移動などにより別の場所へ運ばれるものなどその行き先はさまざまである。いずれにしても風雨の作用などにより種子はだんだんと時間をかけて土壌中に潜り込んでいく。粘土のように目が細かく隙間

のない土壌では，種子はなかなか土中にはいりこむことができないが，砂礫のような目が粗く間隙の大きな土壌においては比較的容易に土中にはいりこむことができる。このような散布後の種子の行方と土壌の礫の大きさとの関係を，ここでは高山帯で行なわれた Chambers et al.(1991) の研究報告から考えてみる。彼らはアメリカ合衆国モンタナ州の標高 3200 m の高山帯の砂礫地において行なわれた実験から，土壌の粒径と土中への種子のはいりこみ方について考察しその関係を模式化している。図1(上)は土壌の粒径サイズと土中にはいりこんだ種子の数の割合(25粒を播種した後1週間から4週間経過後)との関係である。Sは小型の種子，Mは中型の種子，Lは大型の種子，Aは粘着質の種皮をもつ種子をそれぞれ示している。土壌の粒径が小

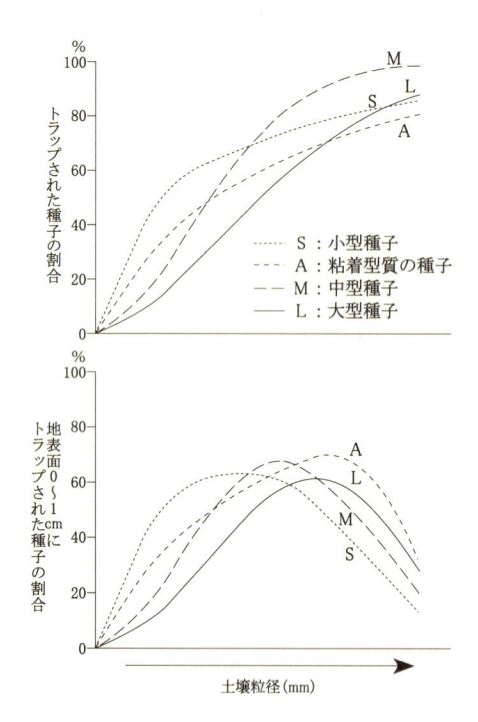

図1 標高 3200 m の高山帯での土壌中にトラップされる種子数の割合と，土壌粒径との関係を一般化した模式図(Chambers et al., 1991)。割合は種子25粒を播種し，1〜4週間経過後に留まっていた種子の割合を示したもの。上図：土壌全体にトラップされた割合，下図：土壌表層 0〜1 cm にトラップされた割合

さい(2 mm 未満)場合，小型の種子がもっとも多く土中にはいりこみ，次いで粘着質の種子，中型，大型の順になっている．土壌の粒径が大きく(2 mm 以上)なると中型や大型の種子が土中にはいりこむ割合が大きくなることがわかる．全体的にみると中型の種子がもっとも土中に取りこまれている．図 1(下)は土壌の粒径と土壌表面から深さ 1 cm のところまでにはいりこんだ種子の割合(播種した 25 粒中の)を示したものである．土壌表面においては，土壌粒径が小さいと小型の種子が多く，粒径が中程度のときは中型種子，粒径が大きくなると大型種子の割合が大きくなることがわかる．また小型の種子は土壌粒径が小さい土壌では土壌表面付近に多くとどまるが，粒径の大きな土壌では表面付近にとどまらず，より深いところまではいりこんでいることを示している．つまり小型の種子は，土壌の粒径によりはいりこむ深さが大きく異なるが，ほとんどの粒径の土壌中にはいりこむことができるわけである．逆に大型の種子は小さな粒径の土壌表面にはいりこむことができず，大きな粒径の土壌のみにはいることができる．これらのことから小さな種子をつくる植物はあらゆる場所で次世代を増やすことができるが，大きな種子をつくる植物は限られた土壌でしか次世代を残すことができないといえる．種子の形態やサイズが自らの子孫を残す場所を左右しているのである．

埋土種子と種子の寿命

　種子のなかには，散布されたシーズン中あるいはその翌シーズンに発芽するものもあれば，何年かを土中で過ごし，条件が整ったときにいっせいに発芽するものもある．いずれにしても多くの種子が散布後に土壌中に取りこまれ，いわゆる「埋土種子」となる．そこにはさまざまな植物種の種子が存在し，何年か前の種子からその年新たに散布されて加わった種子などが混在することから，埋土種子集団はいろいろな経歴をもった種子の集合といえる．埋土種子になると，発芽に好適な条件が訪れるまで，種子は外界との物質のやりとりを少なくし，その活力(viability)を保持する．外界の環境が低温で乾燥しているほど種子の寿命は長く，高山と同様に寒冷な環境である北極域のツンドラ地帯では，炭素同位体の測定結果から少なくとも 200 年，なかには 300 年も経過していまだ発芽能力をもった種子が発見されている

(McGraw et al., 1991)。しかしながら北極域や高山帯の多くでは毎年確実に種子生産が行なわれるわけではなく，たくさん生産される年もあればまったく生産されない場合もある。こうした環境下では毎年着実な埋土種子集団への新たな種子の投入は望めないが，埋土種子の寿命が長いことにより次世代の確保という点に関しては補償されていると考えられている。

2. 発芽してもすぐに死んでしまう種子たち

発芽直後が生死の分かれ目

　発芽の可能性を秘めて土壌中でじっと機をうかがっている埋土種子であるが，そのほとんどは地上にでて日を浴びることなく死んでしまう。木部(1996)は富士山高山帯においてカヤツリグサ科のコタヌキランを用いて種子から実生として定着するまでの個体数の変化を調べた。その結果，当初1 m^2 あたり約4000個もの種子が土壌中に散布されるが，そのうち実生として生き残ることができるのはわずか0.1個体にも満たないことがわかった(図2)。さらに顕著だったのは土壌中で発芽の痕跡を残したまま枯死している種子である。種皮をわずかに破り，かろうじて発根した段階でそのまま枯死しているものが多数観察されたのである。これはいったん発芽まではこぎつけたものの，その後の環境条件が不適だったために枯死してしまったものと考えられる。ほかの種についても発芽して根や胚軸を伸ばしつつ地表にでることなく枯死しているものが観察されている。ではなぜ地表にでることなく枯れてしまうのだろうか。

種子サイズや発芽時の土壌深度と定着可能性

　じつは種子が発芽する深さが，地表にでられるかどうかを大きく左右しているのである。先にも述べたように，種子はその形，大きさなどによって散布された後の土壌への取りこまれ方が異なる。ここでは取りこまれた深さが浅い場合と深い場合とを比較して考えてみることにする。まず地表面から浅いところに取りこまれた種子は，光をうけることができるため発芽に光が必要な光発芽種子にとっては有利であり，また発芽した後，地表面までの距離

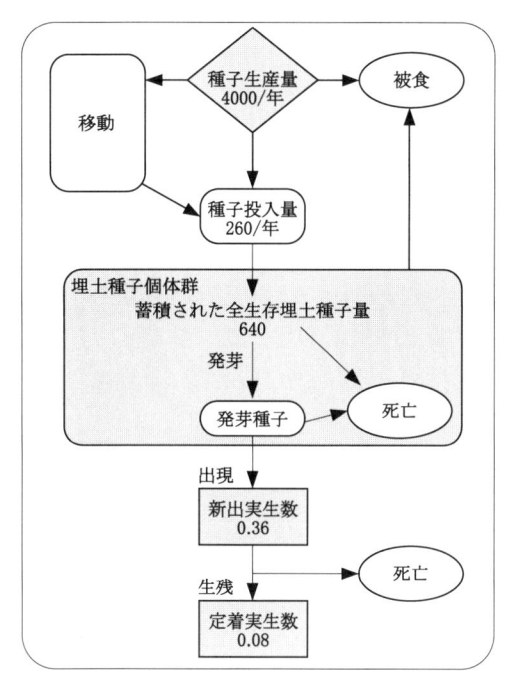

図2 富士山高山帯(標高 2600 m)におけるコタヌキランの，種子生産から当年生実生の生き残りまでの個体数の変化(木部，1996)。数値は 1 m² 内の個体(種子)数。

が短いためすぐに地上部を展開することができるという利点がある。しかしその一方で地表面はつねに強い日射や強風などにさらされ，また土壌水分も少なく乾燥しているという不利な点もある。これに対し深いところでは極端な乾燥や温度変化にさらされることはないが，光が到達せず，また地表面までの距離が遠いため，発芽した後胚軸を伸ばしても地上部の葉を展開して光合成を行なうまでには時間がかかる。このように土壌中の深度によって有利な条件，不利な条件が存在するため，その深さの条件に合った植物の種子以外は発芽して地上部を展開することがきわめて困難なのである。そのような条件を考えると，サイズ(乾重量)の大きな種子は比較的土壌深くまではいりこんだとしても，その種子内の貯蔵物質を利用して胚軸を長く伸ばすことができ，その結果，地表面まで到達し地上部を展開させることが可能である。一方小型の種子は，比較的地表面近くであれば胚軸を長く伸ばすことなく地

上部を展開させることが可能となるわけである。富士山高山帯でのさまざまな植物の種子の発芽に必要な条件をみてみると、もっとも大型の種子をつくるタデ科のオンタデは明条件よりも暗条件下での発芽率が高く、地表面付近よりも光の届かない土壌中深いところで発芽しやすいと考えられている(Nishitani and Masuzawa, 1996)。種子が大型であるため胚軸を長く伸ばし地上部を展開させることも可能なのである。また Mariko et al.(1993)はタデ科のイタドリの種子の大きさと実生の成長および定着の可能性について論じているが、それによると高度 1500 m を越える場所に生育するイタドリでは低地のものと比較して種子重が大きく、比較的低温条件下(昼 15℃/夜 10℃)での発芽率および発芽の速度が大きいことがわかった。また実生の初期成長に関しても 15℃条件下で生育させた場合、大型の種子の方が小型の種子のものよりも有意に速く大きく成長することがわかった。これらのことから生育可能な期間が短く制限される高山帯において、大型の種子をもつことは、より早い時期にすばやく発芽し、さらにすばやく成長することを可能にしていると考えられる。このことにより吸水に必要な根圏を早い時期に十分に発達させることができると考えられている。

3. 発芽のタイミングと実生の生き残り条件

冬の積雪が発芽のために重要な役割を果している

高山帯では四季のうちでも冬がもっとも長く、そのあいだ地面の大部分は積雪におおわれる。冬の最低気温は場所によりさまざまだが、一般に −20℃ を下回ることもまれではない。多くの多年生植物は冬になる前に地上部を枯らし、地下部と冬芽だけで厳冬期を乗りきる。そのあいだ外気温は極端に低温になるにもかかわらず、積雪下ではせいぜい氷温(0℃)に近い温度でほぼ一定している。つまり地表面付近の冬芽はそれほど極端な低温にはさらされていないのである。同様に地表面付近にある越冬中の種子も、積雪があるかぎり極端な低温にさらされることなく、比較的安定した温度環境下に長時間おかれるわけである。

Nishitani and Masuzawa(1996)は、富士山の高山帯に生育するタデ科の

2種の植物について，その種子の休眠と発芽の特性を調べた。その結果，秋の散布直後に集められた種子は，休眠状態にあってほとんど発芽しないか，あるいは発芽のために高い温度(35℃)を必要としていたのに対して，秋に採集した種子を冬のあいだ土壌中に残置し，春に回収した場合では，休眠状態が解除され，より低い温度域(20〜25℃)で高い発芽率を示した。実際，種子が散布された直後の秋には，35℃を越えるような温度条件になることはきわめてまれであり，この秋の種子にみられる高温要求性は，結果的に種子が秋に発芽することのないように制御されていることを示している。次に，秋に採取した種子に長期間異なる条件での保存処理を加えた場合，処理後に休眠が解除される割合は，両種とも冷湿処理(0〜4℃・湿潤条件)を行なった場合に顕著であり，さらにイタドリの場合は高温乾燥処理(25℃・乾燥条件)，オンタデの場合には現地の土壌中に保存したもので効果が大きかった。低温乾燥処理(0〜4℃・乾燥条件)のものは両種とも効果が小さかった(図3)。このことから基本的には低温でかつ湿潤な条件下に長期間おかれるほど，処理後に休眠が解除されやすいことがわかる。この報告の結果から現地の土壌中の冬季の水分環境は，実験で用いた湿潤条件には及ばないものの，種子の休眠解除のために，いわば天然の冷湿処理として有効に機能していることがうかがえる。冬のあいだ十分な冷湿処理を施された種子は，春先20〜25℃くらいの温度条件下で活発に発芽する。積雪による天然の冷湿処理は，種子の発芽時の温度要求性を変化させ，かつ温度環境が好転したとき休眠解除がすみやかに行なわれるような性質の変化をもたらすのである。

生き残るためにはいつ発芽するのがベストか

　冬の積雪が種子の発芽にとって重要なはたらきをしていることは前述したが，高山帯のような環境下では，果して植物たちはどのようなタイミングで発芽すればうまく生きのびることができるのだろうか。また発芽した後，実生の生育にはどのような障害が存在し，植物たちはその障害に対してどのように対抗して生きのびているのであろうか。まず高山帯特有の大きな障害としてあげられるのは，植物にとっての生育可能な期間が短いことである。つまり春は遅くまで雪が残り気温も低く，さらに冬の訪れが早いため，低地と

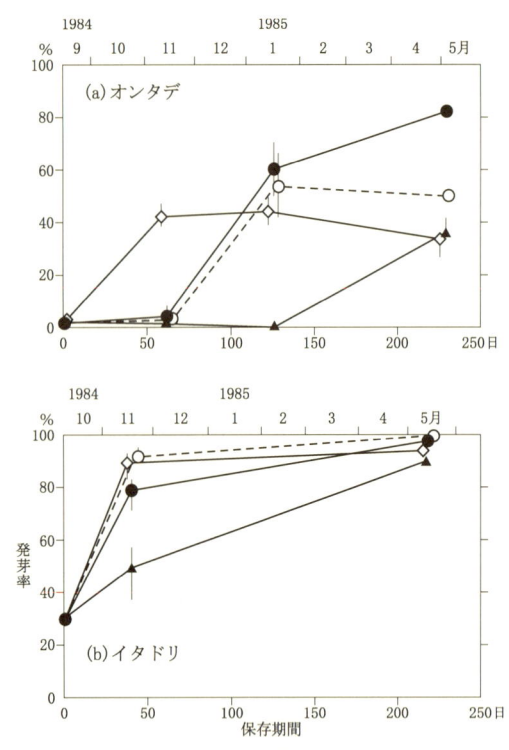

図3 種子の保存期間の長さと保存方法が発芽率に与える影響(Nishitani and Masuzawa, 1996)。種子は富士山高山帯において秋に採取され，●は冬のあいだ調査地の土壌中に埋めておき，○は室内で低温(0〜4°C)湿潤条件，▲は低温乾燥条件，◇は高温(25°C)乾燥条件下でそれぞれ保存したものを示す。発芽率は好適環境下(25°C明条件)で播種後14日目のもの，縦線は最高値と最低値の範囲を示している。

比較してかなり生育可能な期間が制限されるのである。

　Maruta(1994)は富士山の高山帯においてタデ科2種を用いた実験を行ない，当年生の実生が越冬して翌年まで生き残るためには，生育期間終了時点の個体の乾重量が，あるレベル(臨界サイズ)に達していなければならないことを明らかにした。この臨界サイズの存在は，どのくらいの個体サイズに成長すれば越冬のための冬芽を形成することができるか，凍結に対する抵抗性を獲得できるか，あるいは光合成を行なうことができない冬のあいだ，植物が自身の体を維持するためにはどの程度のたくわえが必要であるかなどを示している。それによると，タデ科のイタドリとオンタデの実生において越冬

のための臨界サイズはともに約 12 mg(乾重量)であり，生育期間終了時にこのサイズに満たないものは冬芽を形成することができず越冬できなかった(図4)。標高 2500 m 以上のいくつかの標高において実験を行なった結果，標高が高くなるにつれてこの臨界サイズを達成する割合が小さくなる傾向があった。つまり，標高が高くなるほど植物にとって生育可能な期間が減少し，それによって十分な光合成を行なうことができず，臨界サイズにいたらなかったのではないかと考察している。では，限られた生育期間内でこの臨界サイズを達成するためにはどうすればよいのだろうか。まず思いつくのは，なるべく早い時期に発芽して，短い生育期間を補償するにたる光合成を行な

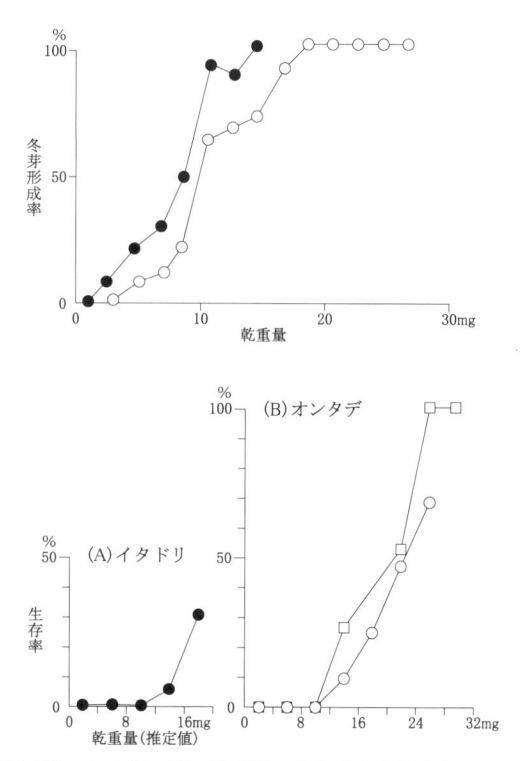

図4 生育期間終了時のタデ科2種の乾重量と冬芽形成率(上図)と，翌年までの生存率(下図)との関係(Maruta, 1994)。上図ではともに標高 2500 m に生育するイタドリ(●)，オンタデ(○)を示す。下図ではイタドリ(●)，標高 2500 m に生育するオンタデ(○)，3250 m のオンタデ(□)を示す。

うことである。ところがただ早く発芽すれば問題は解決するかというと、そうもいかないのである。前述のとおり、秋に散布された種子は冬のあいだ積雪下でいわゆる冷湿処理をうけた状態になり、温度があがると種子の休眠状態が解除され、発芽が起こる。しかしながら実際は、雪どけ後あまり早い時期に発芽すると降霜や凍結による組織の破壊、根の破断などのような障害をうける危険にさらされるのである。かといってこんどはあまり遅い時期に発芽すると、生育期間が短くなり十分な成長を行なうことができない。発芽にはひじょうに微妙なタイミングが要求されるのである。

意外な夏の高温乾燥条件の存在

ここまでは実生が冬を乗りきるためにいかに厳しい条件のなかで生きているのかをみてきたが、じつは寒冷な高山帯といえども、夏には場所によっては砂漠のように高温や乾燥という過酷な条件も存在するのである。その典型的な例として富士山の高山帯をあげてみる。富士山は日本の最高峰(標高3776 m)であり、高山帯はおよそ標高約2500 m以上に広がっている。その形からもわかるように富士山は火山であり、その斜面は噴火による溶岩や火山岩などにおおわれている。カラマツなどにより形成される森林限界を越えると、一面、多年生草本植物の群落が広がっているが、その地面をみると細かい砂礫(スコリア)が厚く堆積しているのがわかる。これは噴火時の噴出物が長い年月をかけて風化などにより細かく破砕されたものである。このスコリアは多孔質の礫であり、保水性にきわめて乏しいのが特徴である。とくに梅雨が明けた後にしばらく続く無降雨期間は、強い日射により地表面温度がかなり上昇し(ときには50℃を越える)地表面付近はかなりの高温かつ乾燥条件にさらされるのである。この富士山高山帯での実生の定着がいかに困難なものであるかを、いくつかの例をあげてみていくことにする。

Maruta(1976)はイタドリの実生の発芽が1シーズンに2回起こることに着目して、種子の発芽時期と生き残りとの関係を調べた。それによると、もっとも早い5月初旬に発芽した集団と5月中旬にはいってから発芽した集団とを比較すると、6月中旬に発芽したものは高温乾燥条件にさらされる梅雨明け後の無降雨期間(7月)にはすべて枯死してしまったのに対し、5月初

旬に発芽したものは生き残った。この違いはどこにあるのだろうか。実生の外部形態を比較してみると，5月初旬に発芽したものは5cm以上根を伸ばしていたが，6月中旬のものは根があまり伸びていなかった。富士山のスコリア質の土壌では地表面から深さ5cmまでは植物体がいったんしおれてしまうと元に戻らなくなるような水分条件(土壌水分ポテンシャルが−1.5 MPa：一般的な植物の永久しおれ点)にさらされていたのである。したがって早く発芽して根を十分に伸ばすことができた実生は，たとえ乾燥条件にさらされても地表面から5cm以上の深さで水分を獲得することができ，生き残ることができたと考えられる。

　Yura(1988, 1989)は森林限界を構成している木本植物であるカラマツとシラビソの実生のうち砂礫地にはカラマツ実生しか生育していないことに着目し，その実生の根の形態と土壌水分との関係を調べた。その結果，両種とも6月にいっせいに発芽するが，8月にはシラビソの実生はすべて枯死し，カラマツの実生だけが生き残った。このことはカラマツの実生が夏の乾燥に対する抵抗性が高いのに対してシラビソは乾燥にきわめて弱いことが原因となっていることを明らかにした。この乾燥に対する抵抗性は，カラマツの実生の根が，シラビソよりもより速く深いところまで伸長することができ，その結果，土壌表面の乾燥を回避することが可能となるためであることがわかった。

　木部(1996)はカヤツリグサ科のコタヌキランの実生が梅雨の時期を巧みに利用して生きのびている例を報告している。それによると，コタヌキランの種子は前年の秋に散布され，越冬することによって発芽の温度に対する反応性が変化していた(図5)。種子の発芽の温度要求性を表わすのによく積算温度(日平均温度×日数)の概念が用いられるが，コタヌキランの場合，越冬によって必要な積算温度が小さくてすむようになり，雪どけ後の早い時期に発芽が可能となっていた。通常，発芽は5月下旬から6月初旬にかけて起こり，おもに降水量が多く地表面が乾燥しにくい梅雨期にかけて実生が成長する。前述のイタドリと同様，やはり梅雨明け後に高温乾燥時期が訪れるため，コタヌキランの実生もそれまでにより深くまで根を伸ばす必要がある。コタヌキランの種子は越冬により発芽の温度要求性が変化することで，結果的にこ

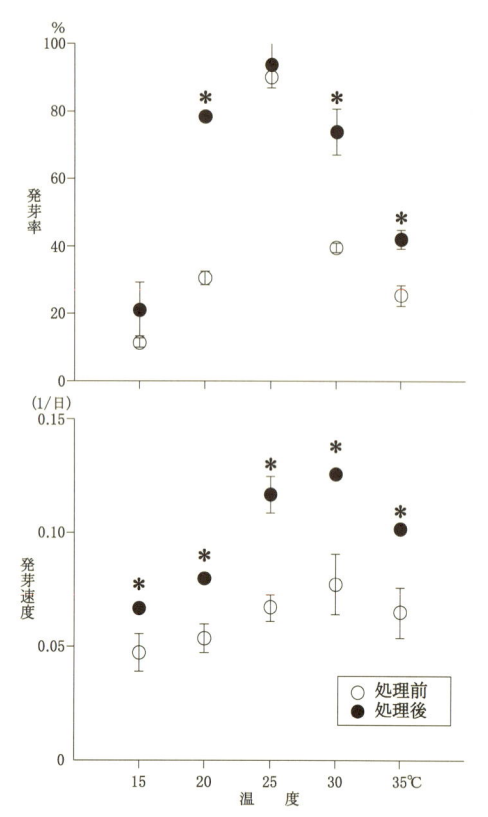

図5 コタヌキラン種子の低温保存が発芽率と，発芽速度の温度依存性に与える影響(木部，1996)。種子は秋に採取され，6カ月間低温(4°C)下で冷蔵保存した。○：保存処理前のもの，●：保存後のもの，図中の縦線：標準偏差，＊：処理間で有意差($P<0.05$)がある

の梅雨の時期を有効に利用することが可能になっているのである。もし前年の秋に散布された種子の温度要求性がそのまま変化しなかったとすると，積算温度との関係から，種子の発芽時期は3週間程度遅れることになり，その結果，梅雨明けまでに十分な根の伸長を行なうことができなくなると考えられる。

　このように発芽が早すぎても遅すぎても生き残ることが難しい高山帯の砂礫地という立地においても，植物たちは巧妙に生き残る術をそなえているのである。しかしながら実際に高山帯で植物の実生を目にする機会はきわめて

まれである。これはなぜだろうか。植被の乏しい裸地では発芽から実生の定着までのあいだ途切れることなく好適な環境下におかれていることは考えにくく，実際には一度でも致命的な環境ストレスが加われば，実生はその時点で枯死してしまう。なかでもいちばん大きなストレスと考えられるのはやはり土壌の乾燥である。

4．実生の定着にとって好適な場所とは

　高山帯の裸地での実生のおかれた環境がいかに過酷なものであるか，Maruta and Saeki(1976)はイタドリ実生の葉温と蒸散について熱収支式を用いて成熟個体の場合と比較して論じている。それによると，典型的な夏型の気象条件の7月下旬では，塊状群落を形成している成熟個体と比較して実生の葉温は高く，蒸散速度も群落上層と比較して4倍になった。また170 cmの高さの気温と比較して，実生のおかれた地表面付近では日中の気温が10℃以上も高くなっていることがわかった。高い温度が実生の成長にどのような影響を与えるかKibe and Masuzawa(1994)はコタヌキランの実生を用いて実生の成長と温度条件との関係を調べた。その結果，設定した3つの温度条件[15/10℃，25/20℃，35/30℃(昼/夜)]のうち35/30℃条件下では実生はほとんど成長することができず，とくに低温条件下のものと比較して地下部の成長がいちじるしく悪かった。これらのことから実生が裸地で成長して高温にさらされる夏を生きのび，秋までに越冬のための臨界サイズを達成するのはとても困難であることがうかがえる。

　そこで注目すべき点が，塊状群落をなしている成熟個体の存在である。前述のMaruta and Saeki(1976)によると，塊状群落をなしている成熟個体のおかれている条件は実生の場合と比較してかなり穏やかな条件であるといえる。実生の生育環境は種子が散布されるときに決定されるが，成熟個体の近辺に散布された種子は，この比較的穏やかな環境を利用して成長することができる。成熟個体により被陰される分だけ受光量が少なくなるが，逆に高温や乾燥にさらされることが少なくなり，成熟個体の発達した根圏や枯死堆積物により土壌水分や栄養塩類も得やすい。実際に富士山高山帯のイタドリの

塊状群落において，他種の植物が群落内に侵入して定着している例が報告されている(Masuzawa and Suzuki, 1991; Adachi et al., 1996)。このような実生の生育に比較的好適な環境の存在は，すでにその場所に群落が存在していることが前提となるため，高山帯の植物の一次遷移初期あるいは分布上限付近，さらには風衝の程度が強い立地においてはあてはまらない。しかしながら高山帯では気象条件の年変動がいちじるしく，梅雨期の長さや積雪量などの変動により，夏の乾燥や温度の程度，生育可能期間の長さなどにはかなりの変動が生じる。そのためこのような群落においては，ごくまれに訪れる穏やかな環境条件のときに実生が比較的多数定着して，生き残っていくものと考えられている。

第10章 ツンドラ植物の種子繁殖と栄養繁殖

日本医科大学・西谷里美

　よくいわれるように，種子繁殖はやっかいな繁殖方法である。花という特別な器官をつくり，減数分裂による配偶子の形成から，受粉，受精をへて胚の成熟と，これらすべてに合格しなければ種子はできない。通常の成長の延長線上にある栄養繁殖とは大きな違いである。さらに，つくられた種子のすべてが成熟し，次世代を残すわけではない。多くの植物において，種子は栄養繁殖体よりも小さいので，成熟するまでに長い年月を費やさねばならず，そのあいだの死亡率も高い。こうした種子繁殖のコストは，小さいゆえに数多くつくることができるという利益を，はるかに上まわる。たとえば温帯の林床草本ヤブレガサ(キク科)では，種子繁殖は栄養繁殖に比べておよそ1000倍ものコストがかかると推定されている(Nishitani et al., 1995)。物理環境の厳しいツンドラでは，このコスト比はもっと大きいかもしれない。ツンドラの夏は短い。有効資源量もその利用期間も限られた環境では，それだけ効率のよい資源利用が求められるだろう。こうした環境で生育する植物はどのような繁殖戦略をとっているのだろうか。

1. それでも種子をつくる

　低温は種子生産の大きな制限要因となりうる。フィンランドのラップランド地方(北緯69度)で行なわれた9年間にわたる調査では，10種を含む26個体群中16の個体群で，種子の発芽力とその年の気温(6月から8月にかけ

ての5°C以上の積算温度)とのあいだに正の相関が認められた(Laine et al., 1995)。種子生産にいたる過程のすべてにおいて，低温が抑制効果をもつためと考えられる(たとえば工藤, 1999)。しかしこうした環境下でも種子のみに依存して個体群を維持している植物がいる。

一年草

ツンドラでは一年草はマイナーな植生要素である。どの地域でもフロラの数％を占めるにすぎない(Bliss, 1971)。1回の生育シーズ中に生活史を完結させねばならない一年草にとって，ツンドラはあまりにも低温で，生育可能期間が短すぎるためと考えられている。しかし，確かに一年草は分布している。

アメリカ合衆国モンタナ州のロッキー山脈には，3種の一年草が生育している。すべてタデ科で，*Polygonum* 属の2種(*P. douglasii*, *P. confertiflorum*)と *Koenigia islandica* である。*K. islandica* は北極周辺域を中心に分布し，温帯では高山，さらに南米南端のフエゴ島にも分布する。一方 *Polygonum* 属の2種は，亜高山帯から下に分布域の中心をもっている。Reynolds(1984a, b)によれば，3種ともいわゆるパイオニアではなく，限られた特定の場所で，毎年少量の種子を生産しながら個体群を維持しているようだ。

Polygonum は，イネ科の *Deschampsia caespitosa* が優占する群落のなかの裸地を利用している。6月中旬からの雪どけ水を利用していっきに成長し，乾燥が厳しくなる8月中旬までには種子を落として枯れる。一方 *K. islandica* の生育地は，7月上旬まで雪が残る湿性の群落である。両属の生育地は一見異なっているようだが重要な共通点がある。それは雪どけによって十分な水が供給されること，そして最低5〜6週間の生育期間が確保される場所であることだ。雪どけや秋の初雪は年毎に数週間は変動する。それを見込んだうえで5〜6週間が確保できる場所である。たとえば，雪どけが7月下旬までずれ込む場所に *K. islandica* は生育しない。そこは多年生植物の世界である。この短い生育期間に一年草はフル回転で物質生産を行なう。3種とも光合成の光補償点が100 μmol/m²・s 以下なので，毎日12時間程度はプラス

の光合成ができるだろうと Reynolds は試算している．こうして稼いだ物質のほとんどは葉と繁殖器官に分配される．十分な水の得られる場所に生育することで，根への投資を最小限にすることができるのだ．繁殖は比較的早い時期に開始され，成長しながら繁殖もする．早い秋が訪れたとしても，少なくとも1個は種子を確保する戦略である．また生育期間がのびると，生産される種子数も大きく増加する(図1)．あらかじめ前年までに花を準備する多年草では，必ずしもこうはいかない．しかし個体群調査によれば，1980年に生産された種子のうち，翌年の発芽期まで生き残ったのはわずか13%(*P. douglasii*)〜20%(*K. islandica*)であった．その後，繁殖期までの生存率は80%以上と比較的高いが，仮にこれを100%と仮定しても，個体群を維持するためには1個体あたり平均で5〜8個の種子を生産しなければならない．*P. confertiflorum* は，1980年には平均8.8個の種子を生産したが，81年はわずか2.5個であった．これは夏の乾燥が厳しかったためである．ほかの2種では2年とも5〜10個の種子が生産された．詳しい動態は明らかにされていないが，3種とも種子の一部は翌年には発芽せず，土のなかで生きのびる．一生に1度しか繁殖する機会のない一年草にとって，埋土種子は，変動環境での個体群維持に重要な役割を果しているだろう．

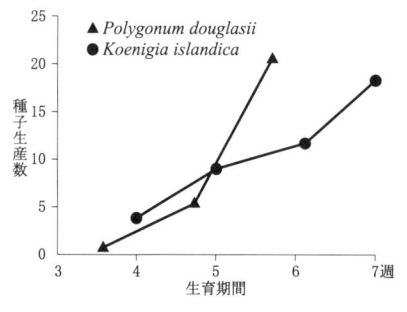

図1 高山帯に生育するタデ科の1年草の生育期間の長さと種子生産数の関係(Reynolds, 1984a の表から作成)．15時間日長(285 μmol/m^2・s)で種子から育て，生育の途中で給水を中止することにより生育期間の長さをかえた．昼のうち12時間は，*Koenigia islandica* では15°C，*Polygonum douglasii* では25°C，そのほかの時間は夜を含めて5°Cとした．

北欧のイヌナズナ属

　スカンジナビア半島と，その北に位置するスバールバル諸島の高山・極域には，あわせて16種のイヌナズナ属植物（アブラナ科）が分布する。多年生のロゼット植物で，白か黄色の可愛らしい花をつける。これらは種子のみで繁殖し，積極的な栄養繁殖の手段をもたない。また無融合種子形成（減数分裂と受精が省略され，2倍体の卵細胞などが単独で胚となる）も行なわない。Brochmannらは，ノルウェー本土とスバールバル諸島において系統学的・生態学的な調査を精力的に行なった（たとえば，Brochmann and Elven, 1992）。16種のなかでは3種が2倍体，残り13種は4倍体から16倍体までの異質倍数体である。DNAや酵素の多型を利用した研究は，異種間で繰りかえし行なわれた交雑による，複雑な種形成過程を描きだしている（Brochmann et al., 1992）。

　種子だけで繁殖するこれらの種はどんな所に生育しているのだろう。前節の一年草のように特別な場所でひっそり暮らしているのだろうか。Brochmannらは443の野外個体群を調査し，イヌナズナ属の生育環境を17のタイプに分類した。その基準は，蘚苔・地衣を含めた植被の連続性や植生のタイプ（競争の程度の指標C），水分の過不足などのストレスの程度（S），礫の移動などによる撹乱の程度（R）である。そしてそれぞれのタイプをGrime(1979)のC‐R‐S三角形のなかに配置した（図2参照）。たとえばCの頂点に位置するのは，連続的に植物におおわれ，撹乱もストレスも少ない高山帯下部の草原である。Sの頂点に位置するのは植被がまばらで乾燥が厳しいが，撹乱は少ない崖やモレーンの尾根部のような立地である。またRの頂点に位置するのは，砂礫の移動する斜面や路傍などの撹乱をうけやすい環境である。この三角形は，イヌナズナ属が分布するという環境の範囲内でつくられた相対的なものではあるが，それでも，この属がかなり多様なニッチを占めていることはおわかりいただけると思う。図2の大三角形では，それぞれの種が生育する環境の特徴を要約するために，各個体群の生育場所のC, R, Sの値をそれぞれ平均して，種の値としてプロットしてある。実際にはそれぞれの種はこの図に示された環境の1点に集中して分布するのではなく，複数の環境にまたがって生育している（図2の小三角形に3種の例を示した）。

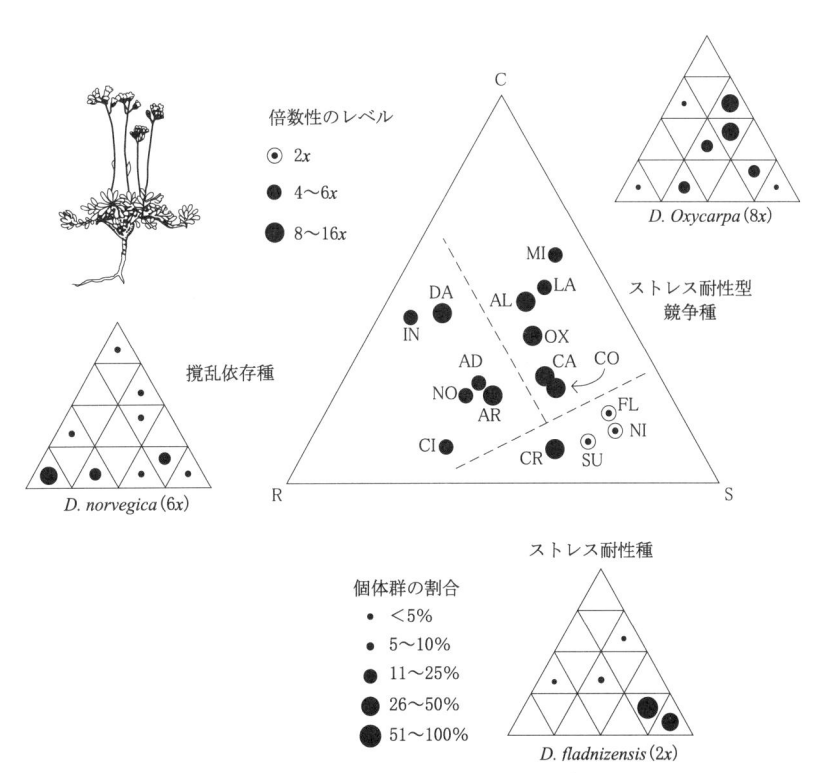

図2 北欧のイヌナズナ属植物16種についての生育環境の評価(Brochmann and Elven, 1992 の図を再構成。植物画は, Mossberg et al., 1995)。Cは競争の程度, Rは撹乱の程度, Sはストレスの程度を表わす。大三角形は, 各個体群の生育地のC, R, Sの値を平均し, 種の値としてプロットしたもの。倍数性のレベルによってシンボルが分けてある。種間比較を単純化するために, それぞれの種をストレス耐性種, 撹乱依存種, 競争型ストレス耐性種に分類した。撹乱依存種は, 競争型やストレス耐性型を含んでいる。実際にはそれぞれの種は複数の環境にまたがって生育している(小三角形)。シンボルの大きさは, 何パーセントの個体群がそれぞれの生育地に分布しているかを表わす。種は種小名の最初の2文字で表わされている。FL: *D. fladnizensis*, NI: *D. nivalis*, SU: *D. subcapitata*, IN: *D. incana*, MI: *D. micropetala*, AD: *D. adamsii*, CI: *D. cinerea*, LA: *D. lactea*, NO: *D. norvegica*, CA: *D. cacuminum*, DA: *D. daurica*, OX: *D. oxycarpa*, AL: *D. alpina*, AR: *D. arctica*, CO: *D. corymbosa*, CR: *D. crassifolia*

とくに倍数体は幅広い環境に生育する種が多い。一方，2倍体ではストレスの厳しい環境に分布が偏っている。

それぞれの種が占める平均的な環境と，それらがもつ繁殖戦略とはじつにみごとに対応している(表1。以下はすべて栽培実験の結果である)。ストレス耐性種は小さくて香りのない花をつける。1種をのぞいて2倍体である。ほとんど自家受粉で結実し，個体群内の遺伝的多様性はひじょうに低い。種子は小さく(0.15 mg以下)，数も少ない(花序あたり100未満)。こうした繁殖への投資の小ささは，個体の寿命が長いことによって補償されているかもしれない。撹乱依存種はすべて倍数体で，花は2倍体よりも大きいが，やはりほとんど自家受粉によって結実する。小さな種子を多量(花序あたり100〜200以上)に生産する。急速に成長し，比較的短命な多年草である。ストレス耐性型競争種は，連続的な植被があり中程度のストレスをうける環境に生育する。すべてが倍数体である。前二者と異なり，送粉昆虫を誘引するさまざまな手だてをもっている。花は大きく，多くの花が同時に開き，香りをもつものもある。とくに開花期の早い段階で咲く花は送粉昆虫に依存して結実するようだ。自発的な自家受粉(spontaneous selfing)は，柱頭が露出してから数日たたないと起こらない。またその際に柱頭につく花粉が少量で，結

表1 イヌナズナ属のストレス耐性種，撹乱依存種，ストレス耐性型競争種の繁殖特性（Brochmann, 1992, 1993より作成)。平均±標準偏差

	ストレス耐性種 D. fladnizensis	撹乱依存種 D. norvegica	ストレス耐性型競争種 D. oxycarpa
花のディスプレイ			
花弁1枚の面積(mm^2)	3.39	6.82	8.44
一度に咲く最大花数	2.8±1.3	4.4±0.89	9.6±1.5
色	白	白	黄
香り	無	無	強
自発的な自家受粉による			
最初の5花結実率(%)	72.1±12.0	93.6±8.0	5.1±7.8
最初の5花結果率(%)	82	95	22
最後の5花結果率(%)	98	100	100
種子重(mg/個)	0.086±0.013	0.126±0.004	0.286±0.032

*D. fladnizensis*は北ノルウェー標高750 m，*D. norvegica*は，北ノルウェー標高820 m，*D. oxycarpa*は，スバールバル諸島標高2 mの個体群。各個体群5個体からの花序を1個ずつ用いた。花のサイズの測定には花序あたり2個の花を用いた。種子サイズは各個体の50粒重を測定して平均した。

実率がひじょうに低い種もある(表1)。種子は大きく(0.16〜0.30 mg以上)，込みあった植生のなかでの定着に適しているようだ。

　ツンドラでの種子生産を確実なものにする重要な形質の1つが自家和合性だろう。遺伝的な自家不和合が報告されている種は，ツンドラではほんのわずかである(Molau, 1993)。他家受粉も行なうイヌナズナ属の種でも，開花期の後半にいくにつれて，自発的な自家受粉による結果率は100%近くまで上昇するのである(表1)。

2. やっぱり栄養繁殖？

　極域では何らかの栄養繁殖手段をもつ種がフロラの大半を占めている(たとえばCrawford, 1989; Callaghan et al., 1997)。また中央ヨーロッパの2300種を対象とした比較研究から，栄養繁殖を行なう種は，そうした手段をもたない種に比べて，より低温環境に分布する傾向が示されている(van Groenendael et al., 1996)。これらはともに，ツンドラでの栄養繁殖の重要性を示唆するものであるが，ここではもう少し具体的に個々の種の栄養繁殖の実態をみてみよう。

花序につくられる"むかご"

　本来は花が咲く位置にむかごができたり，そこから直接幼植物が育って新しい個体になることがある。イネ科の*Poa alpigena* var. *vivipara*などでは，親個体上でのなかから幼植物の葉が展開する。157頁の図4はタデ科のムカゴトラノオ*Polygonum viviparum*だが，花茎の下半分についているのがむかごである。これは腋芽の最初の節間が貯蔵物質をたくわえて膨れたものである。これらの種の種小名や変種名はvivipary(胎生)に由来し，本来はマングローブ植物のように親個体についたまま種子が発芽・成長することを意味する。栄養繁殖体が育つ場合は，厳密にはpseudovivipary(pseudoは偽を意味する)という用語があてられている。さまざまな栄養繁殖様式のなかでもpseudoviviparyはそれほど多くの種で見られるわけではない。しかし，こうした繁殖様式をもつ種が，おもにツンドラと乾燥地に集中していること

が指摘されている。Elmqvist and Cox (1996) は，19属40種のリストを掲載しているが，そのうち21種が高山・極域に分布する。

本来の生育地とは異なる環境で育てた場合に，通常は種子繁殖をする植物で，花序の一部にむかごがつくられたり，また逆の現象も報告されている。このことは，種子やむかごの生産が，完全に遺伝的に決定された形質ではなく，何らかの環境要因によって変更可能なことを示唆している。Heide は，スカンジナビア半島やアイスランド，スバールバル諸島に生育する数種のイネ科植物を用いて，花とむかごの形成に与える環境条件の影響を調べた（たとえば Heide, 1989）。これらの種では，秋の短日あるいは低温で花序原基が分化し（一次誘導），春の長日によって桿が伸長して繁殖する（二次誘導）。しかし，誘導の条件が十分に満たされず，繁殖する個体の割合が低い条件のもとでは，通常は種子で繁殖する種の花が，部分的にむかごにおきかわることが示された。一方，通常はむかごで繁殖する種においても，すべての個体が繁殖するほどの十分な誘導を行なうと，花もつくられ，その一部は稔性のある花粉を生産した。このことは，花の生産がむかごに比べてより強い環境刺激を要求することを示唆している。それが満たされない場合にむかごになるのである。しかし Heide の実験では，むかごのすべてを花におきかえることはできなかった。また，同じ実験条件に置かれた場合の花の形成率（花とむかごの総数に対する花の割合）は，通常，むかごで繁殖する種のほうが近縁の種子繁殖種に比べて低かった。これらの結果は，花の生産に必要な条件が，むかご繁殖種でより厳しく設定されており，野外では満たされにくいことを意味しているのかもしれない。

むかごをつくりやすいという形質は，ツンドラの地で何か利点があるだろうか。種子形成の面倒な過程を省略できるという利点はもちろんある。それは資源の節約になるし，温度に大きく左右される種子繁殖に比べれば，毎年比較的安定して繁殖成功を収めることができるだろう。Lee and Harmer (1980) はイネ科のむかごの重要な利点として，サイズが大きいことをあげている。種子に比べて10倍近く大きいむかごは，極端な撹乱環境をのぞけば，生育期間の短いツンドラでの定着に有利であろう。またイネ科の場合には，むかごはそのまま光合成器官であり，親個体上でもまた散布後も体制をまっ

たくかえることなく成長を継続することができる。これは一度種子という特別な状態をつくって再出発するよりも転換のコストが小さく経済的である(Lee and Harmer, 1980)。ただしこれらの利点が，外見上はより種子に近いムカゴトラノオなどの場合にどの程度あてはまるかはわからない。地表より少し高い位置につくられるので，種子と同程度の分散力をもっているかもしれない。しかし一方で，むかごによる繁殖は，分散が重要な意味をもたない環境で進化したのではないかという主張もある(Elmqvist and Cox, 1996)。

　むかごの利点はいくつか考えられるものの，その有利さを種子繁殖との比較から証明した例はない。イギリスの湖水地方では，標高が高くなるとウシノケグサにかわってむかごで繁殖する同属の *Festuca vivipara* が優占するようになる。HarmerとLeeは両種の繁殖子のサイズや化学組成，発芽，1年目の成長(単植および他種との競争条件下)などのさまざまな比較を行なった(Harmer and Lee, 1978a, b; Lee and Harmer, 1980)。しかし，分布を説明する明快な結論はでていない。一方で *Poa alpigena* のように，北緯80度に近い極域に，種子繁殖タイプとむかご繁殖タイプが共に分布するという事実は，逆に大変興味深い。このような例はほかにも数種のイネ科植物でみられる(Elven and Elvebakk, 1996)。それぞれの繁殖様式の適応的意義を明らかにするうえで，これらの種はよいモデルとなるだろう。生活史全体にわたる詳細な比較研究が望まれる。

標高にともなう繁殖様式の変化

　ツンドラが種子繁殖にとって苛酷な環境であるとしたら，両方の繁殖様式をもつ種では，標高が高いほど栄養繁殖に重点をおくという傾向がみられるかもしれない。Bauert(1993)は，スイス・アルプスの標高450〜2350mまでの14地点で，ムカゴトラノオの花とむかごの数を調べた。結果は，標高が増すにつれて，花茎につくむかごの割合が増加するという期待どおりのものだった。高山では花茎が低く，低地と比べて花もむかごも少ないのだが，花の減少率の方が大きかったのである。類似の傾向はベンケイソウ科の *Sedum lanceolatum* でも報告されている(Jolls, 1980)。しかしその一方でまったく逆の傾向を示す種もある。たとえばユリ科のショウジョウバカマで

ある(Kawano and Masuda, 1980)。北アルプスの富山県側，標高100〜2600 mまでの5個体群の調査では，標高が増すとともに個体サイズは減少し，個体重に占める種子繁殖器官(種子・蒴果・花茎)の割合は増加していた(種子繁殖器官の重量そのものは減少していた)。ショウジョウバカマの栄養繁殖体は，ロゼット葉の先端につくられる幼植物であるが，これの形成率は逆に標高が高いほど低下していた。種子は高山帯でも無事につくられているようである。1個体あたりの花数は，高山帯では平地の半分程度に減少する(標高100 mでの平均10.8個から，2600 mの5.1個)が，生産される種子の数も同程度の減少にとどまっている(2702個から1138個)。

　ゴマノハグサ科の *Mimulus primuloides* の場合は少し複雑だ(図3)。Douglas(1981)によるシエラネバダ山脈での調査である。この種は種子繁殖に加えて，地下茎とストロンによる栄養繁殖をする。生育終了時(葉が枯れ

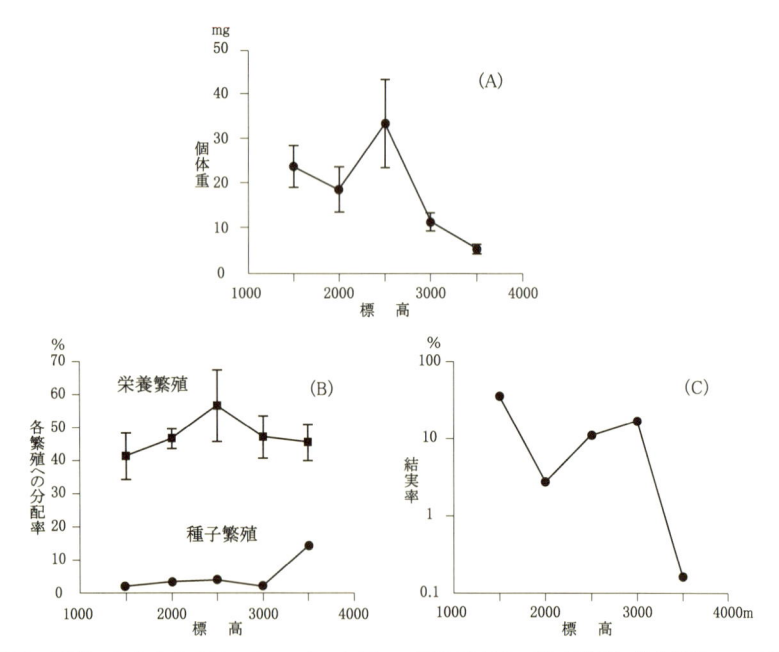

図3 標高にともなう *Mimulus primuloides* の個体重(A)，種子繁殖と栄養繁殖への分配率(B)，結実率の変化(C)[(A)と(B)の栄養繁殖への分配率はDouglas(1981)，そのほかはDouglas(1981)の表とデータから作成]。平均±標準偏差を表わしている。

始めたころ)の個体重と,それに占める栄養繁殖器官の割合は,ともに中間の標高で最大になっていた。一方種子繁殖への分配率は,高山帯の個体群をのぞけば大差がない。高山帯でほかに比べて種子繁殖への分配率が高いのは遺伝的なものらしい。同一の実験条件で育てても同じ結果になる。栄養繁殖への分配率は,標高による個体群密度の違いが現象を複雑にしているようである。低標高の2つの野外個体群では,密度が高くそのために個体サイズが小さく押さえられている。その結果として栄養繁殖への分配率が低いのではないかとDouglasは推測している。低密度の実験条件下では,生育地の標高が増すにつれて個体サイズが減少し,それにともなって栄養繁殖への分配率も低下する傾向が明らかになっている。興味深いのは,高山帯では結実率が0.17%とひじょうに低い(図3C)にもかかわらず,遺伝的に高い種子繁殖への投質がみられることである。

　種によって繁殖様式の変化パターンが異なるのはなぜだろう。測定方法(たとえば,何を種子繁殖器官とみなすか)の違いに起因している可能性もある。また標高にともなう環境変化の地域差も関係しているだろう。そしてもう1つ考えられる重要な要因が,繁殖子の特性の違いである。一口に種子や栄養繁殖体といってもその形状や大きさ,低温や乾燥などのストレスに対する耐性,競争などの生物的な相互作用への反応はじつに多様である。それによって同じ環境であっても生存率や成長速度は異なり,結果として適応度への効果が異なる。そうであれば,種間差はむしろあって当然かもしれない。繁殖戦略の研究では,資源をどれだけ繁殖に投資するか,つまり繁殖努力(reproductive effort)の算出だけでなく,努力がどのように報われるのかを評価する研究もまたひじょうに重要である。それはまさに繁殖子の特性に依存するのである。種子と栄養繁殖体の特性の組み合せによっては,高山において種子繁殖の方が経済的にも効率がよいという状況がありうるのかもしれない。高山ではないが,カナダ・キングクリスチャン島(北緯77度)の半砂漠では,35種の維管束植物のうち,栄養繁殖の手段をもつ種は1/3にすぎないという(Bell and Bliss, 1980)。極端に厳しい物理環境のもとでは,栄養繁殖にも意外な弱点があるのかもしれない。

　しかし,植物の繁殖様式は物質経済の効率だけで決まっているのではない

とみることもできる。冒頭で紹介したヤブレガサも，経済的には1000倍のコストがかかるにもかかわらず，繁殖資源の20〜40%を種子繁殖に投資しているのである(Nishitani and Kimura, 1993)。Heideの研究は，むかごによる繁殖が完全に遺伝的に決定されたものではなく，ある程度環境の制御下にあり，条件によっては正常な花もつくられることを示していた。また，DNAや酵素の多型の研究から，ほとんど栄養繁殖に依存しているとみられていた種にも遺伝的多様性が存在することが明らかになっている(たえとばBauert, 1996)。こうした事実は，植物が有性生殖を完全には放棄することができないこと，つまり遺伝的組み替えの重要性を示唆しているのではないだろうか。

3. 繁殖の準備をする

植物の繁殖活動は私たちの目に見えないところで始まっている。多年生植物のなかには，今年の生育が終わるころにはすでに次のシーズンの葉や繁殖器官を用意している種がある。この現象をプレフォーメーション(preformation)という。図4にムカゴトラノオの例を示した。Diggle(1997)によるロッキー山脈(標高3750 m)での研究結果である。ムカゴトラノオは地下茎から毎年数枚の葉を地上に展開する。繁殖個体は1本から数本の花序を立てるが，これは前年の葉の葉腋から発達する。したがって，翌年の花序は今年の葉の葉腋で育っている(コホートBの花序基基)。さらに頂芽を解剖していくと，全部でこの先3年分に相当する数の葉原基と花序原基が存在するのがわかる。つまりこの植物の場合，葉も花序も地下で3年間成長した後，4年目にようやく地上に展開するのである。これほどの時間をかけたプレフォーメーションはほかにも数種で報告されているが，どれほど一般的かは報告が少なくてわからない。程度の差はあるにせよ，プレフォーメーションはツンドラから温帯，熱帯まで多くの植物で報告されている。たとえばアメリカ合衆国ウィスコンシンの林床草本では，200種中およそ半数で開花年の前年の秋には花の形成が始まっていた(Geber et al., 1997)。グリーンランド北東部(北緯60〜82度)では，このような種は183種中およそ80%におよぶ

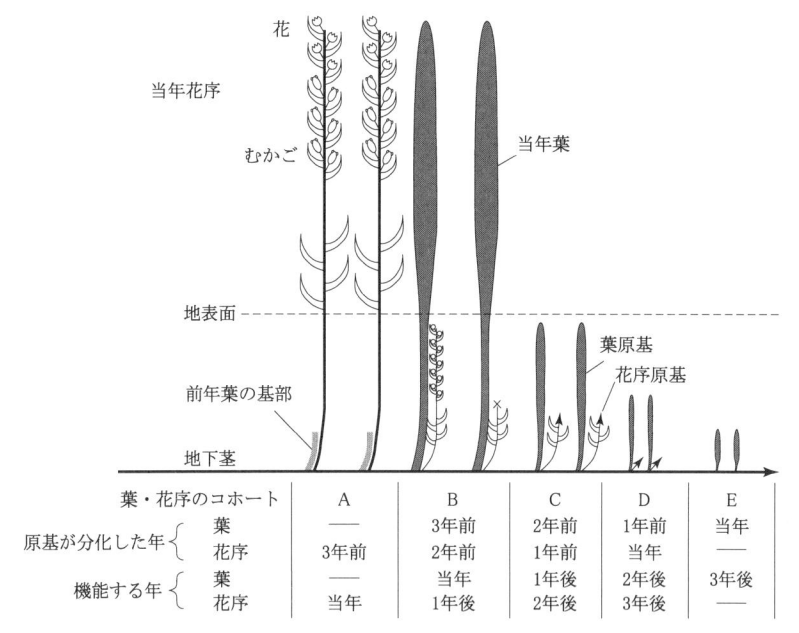

第10章 ツンドラ植物の種子繁殖と栄養繁殖　157

	葉・花序のコホート	A	B	C	D	E
原基が分化した年	葉	—	3年前	2年前	1年前	当年
	花序	3年前	2年前	1年前	当年	—
機能する年	葉	—	当年	1年後	2年後	3年後
	花序	当年	1年後	2年後	3年後	—

図4 ムカゴトラノオの構造のモデル(Diggle, 1997)。地上に展開している葉と花序に加えて，地下茎の頂芽での葉原基と花序原基の発達情況も示している。花序も葉も3年間かけて地下で成長し，4年目に地上に展開する。コホートEの葉原基は今年分化したもので，葉腋に花序原基は存在しない。コホートDの葉原基は1年前に分化したもので，葉腋では花序原基が今年分化した。翌年地上に展開するコホートBの花序原基では，その一部が発育を停止した(×印)。図では地下茎を引き伸ばして表現しているが，実際には全長が数cm程度で，節間はひじょうにつまっている。

(Sϕrensen, 1941)。

　ツンドラの植物にとってプレフォーメーションは，短い生育期間のなかで効率よく物質生産を行ない，繁殖をなしとげるうえでひじょうに重要であると考えられている。しかし一方でツンドラは，変動の激しい環境でもある。雪どけと初雪の時期の変動や，温度，水分条件などによって生育可能期間は年毎に大きく変動する。こうした変動は，もともと生育可能期間の短いツンドラでは，植物に与える影響もそれだけ大きいと予想される。せっかく準備しておいた花が実を結べない可能性もあるのだ。先に紹介したラップランド地方の調査では，*Vaccinium myrtillus* など数種の高標高の個体群において，開花数の多かった年には発芽力をもった種子の割合が低く，逆に花の生産が

少なかった年に発芽力をもった種子の割合が高いという皮肉な現象が起きていた(Laine et al., 1995)。花は前年(あるいは前年まで)の環境に依存して準備されるのに対して，発芽力のある種子ができるか否かは今年の環境に依存するためと考えられる。来年のことは予知できない。しかし準備しておかなければ繁殖成功もない。プレフォーメーションはある意味で賭けといえるかもしれない。植物はこの賭けにどのように挑んでいるのだろう。リスクを小さくするてだてをもっているだろうか。

　キンポウゲ科の高山植物 Caltha leptosepala では，翌年に咲く花原基のうち1つは大きく，形態的にもほぼ完璧に準備されているが，2つ目の花はそれに比べてかなり小さい。翌年，1つ目の花はほとんど例外なく開花するが，2つ目の花は環境条件に依存し，悪い場合は雪どけ後4週間以内に発育を停止する(Aydelotte and Diggle, 1997)。プレフォーメーションをしながらも，実際の開花年の環境に対してある程度可塑的に反応できるしくみといえる。一方ムカゴトラノオの場合には，翌年地上に展開する花もむかごも秋までには数が決定されており，形態的にもほぼ完成している(Diggle, 1997)。また翌年用の花序は，基本的にはすべての当年葉腋に存在するのだが，その一部は秋までに発育を停止している(図4のコホートBの2つ目の花序)。つまり翌年の環境がいかによくても，花序の本数も，花もむかごの数も増やすことができない。おそらく唯一変更可能なのがむかごのサイズである。繁殖子のサイズは幼植物の定着を直接左右するので，もちろんこれも重要な可塑性の1つではある。逆に環境が悪い場合はどうなるのだろう。筆者らはスバールバル諸島ニーオルスン(北緯79度)でちょっとかわいそうな実験をした。花茎が伸長する直前(雪どけ3週間後)に葉をすべて刈り取ってしまったのである。北極圏のムカゴトラノオにおいても，プレフォーメーションの状態はロッキー山脈での結果と類似しており，前年の秋には花やむかごの形態がほぼ完成している。しかし，それらの重量は成熟時の2％程度にすぎなかった(西谷ほか，未発表)。光合成を行なえない状況では，準備されていた花序も発育を停止するだろうと筆者らは予想していた。ところが，3個体群中2つの個体群では80％以上の個体が花茎を立て，小さいながらも対照個体と有意差のない数のむかごを生産したのである。一度決定された繁殖は，物質生

産が不可能な情況下でも遂行される。逆にいえば，それを賄うだけの貯蔵物質をたくわえてはじめて繁殖の決定が下されるということだ。小さなむかごのその後の定着や，親個体の生存が気になるところだが，それは現在調査中である。ただ，むかごはかなり小さくても発芽力をもっているようだ。じつは筆者らが調査を行なった年の前年は，月に1度は雪が降る苛酷な夏であったという。調査を開始した雪どけ間もないころ，十分に成熟しないまま，散布を待たずに冬を迎えたと思われるむかごが数多く見つけられた。試みにそのむかごをシャーレに播いてみたのだが，ほとんどが発芽力をもっていた。

　プレフォーメーションはよく知られた現象ではあるが，生態学的な研究はまだこれからである。変動環境を生抜く知恵がここに詰まっているのではないかと筆者は期待している。

第IV部

環境変異と高山植物の適応反応

高山植物は微少な環境変化に反応して異なった群集を構成している。これは一見わずかな環境条件の違いが，種の分布の決定要因として強く作用していることの表われである。しかし一方で，環境傾度にそって広い分布域をもつ種も存在する。このような種は，環境の変化に対する何らかの適応能力を身につけていると考えられる。異なる環境に生育している集団間には形態的，生理的，生態的に変異が生じていることが多い。これらの変異はそれぞれの環境への適応の表われと考えてよいだろう。変異のうちのある部分は，遺伝的な分化をともなわない可塑的な変化かもしれない。しかし可塑性の変異幅を決めているのはやはりその集団のもつ遺伝特性である。高山環境の環境変異をつくりだしている主要因として，積雪分布の偏りがある。また極地環境では，氷河の後退によりたえず新たな生育環境が生みだされている。このような時間的・空間的環境変異は，集団間の種内変異を促進し，ひいては新たな種分化を引き起こす原動力になるであろう。さらに近年世界的に危機感が高まっている地球温暖化は，極域や高山生態系にもっとも深刻な影響を及ぼすと危惧されている。このような急速な環境変化に対して，ツンドラ植物はどのように反応するのであろうか。第Ⅳ部では，環境変異に対する植物の反応・適応についてスポットをあてる。

　第11章では，極地植物ムラサキユキノシタの生育型変異に着目し，形態・生理・生態特性と生育環境との関係について調べた研究を紹介する。異なる環境に対して植物はどう反応するのか，という問いかけの1つの解答を見出せる。

　第12章では，同じ地域に分布していながら微妙に生育地を隔てている近縁種，イワカガミとヒメイワカガミの生育場所選択について紹介する。微細な環境変異に対応したみごとなすみわけ現象は，種分化機構についてのヒントを与えてくれる。

　第13章では，人為的な環境変化に対する高山植物の可塑的反応を調べようという実験的アプローチを紹介する。人為的な温暖化実験は，自然生態系の長期的な環境モニタリングと同様，地球温暖化に対する高山生態系の応答を予測するうえでもひじょうに重要な意義をもっている。

第11章 北極域植物の生育型変異と生育環境

九州大学・久米　篤

1. 北極域の環境

　北極海を囲む高緯度地方(high arctic)には，極荒原やツンドラが広がっている。ツンドラは森林限界よりも極側の高木が分布しない地域で，大部分が北極圏(北緯66度以北)に含まれる。年間を通じて低温で，夏にもしばしば雪が降る。緯度が高いため，冬には太陽が昇らず暗黒が続くが，夏には太陽が沈まなくなる。地中の大部分は年間をとおして凍結し，厚い永久凍土層が形成されているが，表層のごく一部が夏季に融けて植物の生育が可能になる。夏の平均気温は6〜10℃まで上昇するが，東京の冬程度の気温で，日格差も小さく，明るい冷蔵庫のような環境である。冬季の気温は－15℃以下まで下がり，冷凍庫並みに冷えこむ。このような環境でも，イネ科・カヤツリグサ科・ユキノシタ科などの草本，コケモモ・ヤナギ・シャクナゲ・ハンノキなどの矮生低木，それにコケ類や地衣類などを多く交えた高さ10〜20 cm内外の植物群落が広く分布している。構造土の形成などによって生じる地表面のわずかな高低差や土壌構造の微妙な違いにそって異なった植物群落が生じることが多く，地表面の微妙な環境の違いが植物の生育に大きな影響を与えていることがわかる。数十 cm の高低差によって土壌水分条件や地表面が積雪におおわれている期間が大幅に変化し，その結果，カラカラに乾燥した環境と水にひたった過湿な環境が，数 m も離れずに隣接していることも観察

される。

2. ツンドラでのサバイバル

このようなツンドラ地域では，地表面が凍りついていない期間は長くても3カ月程度で，夏の日長が長いことを考慮しても，高等植物が光合成生産を行なうことができる期間は短い。土壌温度も低いため，有機物の分解が抑制され，温帯などと比較すると栄養塩類の供給も大幅に制限されている。限られた光合成産物と栄養塩類を使って花をつけて有性繁殖を試みたとしても，夏季の突然の降雪や霜によって失敗させられてしまうことが頻繁に起こる。開花期間の低温は，多くの植物の花粉管伸長や受精を妨げる(Wada, 1998)。たとえ，うまく開花し受精できたとしても，不安定な夏の天気は突然の降雪をもたらすことがあり，種子の成熟はたびたび中断，失敗させられる。そもそも受粉を仲介するハエやアブ，ユスリカなどの昆虫も緯度が高くなるにつれて減少し，その昆虫たちもよく晴れた体が温まる条件でなければ飛ぶことができなくなってくる。天気が悪い日や，冷え込んだ日には地表面を這いまわるか花のなかでじっとしているようになり，昆虫による花粉の運搬活動自体が不活発になってくる。このような環境下では，長い年月をかけて獲得した資源を，失敗する可能性が高い有性生殖器官(花や種子)に投資するよりも，無性生殖器官(むかご・走出枝・根茎など)に投資したほうが，少なくとも短期間にみれば自分の遺伝子を残すのに有利になる可能性がある。無性生殖器官をつくる場合には，種子をつくる場合よりも低温の影響にうけにくく，撹乱があって親植物から切り離されてもいつでも発根することができる。実際，形態の変化がはっきりわかるむかごを比較すると，ノルウェーの北方，北緯79度の北極域に位置するスバールバル諸島(Svalbard)では，ムカゴユキノシタ・ムカゴトラノオ・イチゴツナギの仲間である *Poa alpina* などの植物は，より南に生育する近縁系統では花であった部分がむかごに変化してしまっている割合が高い。むかごは種子と比較して数十倍から数百倍の資源をもっているので，親個体から分離後の定着成功率は種子よりも高いと考えられる。

近年，世界中の多くの氷河で融けだす速度が上昇し，氷河の後退が報告されている。氷河が後退するということは，これまで氷におおわれていた地表面が露出し，新たに植物が定着可能な面積が増えること，一次遷移の進行が始まることを意味している。そもそも，ツンドラのほとんどの地域は1万年前までは氷河におおわれており，ここ数千年でその大部分が融け，その後，新たに植物の定着が進み今ある景観が形成されている。したがって，ツンドラの植物を考えるためには一次遷移のパイオニア植物の定着に関する理解が重要になる。

　氷河後退などで新しい生育可能な地面が生じたとき，小さな軽い種子はそこに早く到達できる可能性が高くなる。したがって，最初にそのような環境に定着するパイオニア植物では小さな種子を多数つくることが有利に働く。確実につくれるむかごなどの大きな散布体に投資するか，不確実ではあるが新しい生育地に到達しやすい小さな種子をつくるか，定着と分散のあいだのトレードオフが存在することになる。

　このような環境下で自分の子孫を残し，生き残っていくためには，獲得した光合成産物や栄養塩類を，いかに葉や茎，根，花，種，栄養繁殖体に分配し，どのような形の植物体をつくるか，すなわち生育型の選択が重要な問題になってくる。

3. 氷河後退域のパイオニア植物，ムラサキユキノシタ

　ムラサキユキノシタ *Saxifraga oppositifolia* は，ヨーロッパ・アジア・北米の周北極地域に広く分布し，氷河後退後にまっ先に定着する典型的なパイオニア植物で，少なくとも数十年以上の寿命をもつ多年草である。この植物は鱗片状の小さな葉を対生にもち，よくめだつ紫色の花を茎の先端につける。自家和合性であるが，昆虫による花粉媒介が結実の大きな制限要因となっている(Stenström and Molau, 1992)。同属のいくつかの種のように，栄養繁殖に特化した器官をもつこともない。これらの特徴はムラサキユキノシタがパイオニア植物として種子散布を優先する繁殖方法をとっていることを予想させる。

この植物は，生育する環境によって異なった生育型が観察され，大きく2つのタイプ，クッション型と匍匐型に分けられることが知られている(カバー裏袖写真)。クッション型をとる個体はおもに積雪のつきにくい凸部に多く見られる。このような場所は積雪におおわれる期間が短く，生育期間が長くなり，生育期間中の植物周辺温度も比較的高くなるが，乾燥も激しい。開花は雪どけ直後の早い時期にいっせいに起こる。一方，匍匐型をとる個体は積雪が遅くまで残る凹地に多く見られる。このような場所は積雪におおわれる期間が長く，生育期間が短く，生育期間中の植物周辺温度は比較的低くなるものの，水分が不足することはない。開花は雪どけが遅くなるため凸部よりも数週間遅れ，しかも積雪下から開放される時期に差があるため，個体間で1週間以上の差が生じる(Crawford et al., 1993)。花の形にも違いがあり，クッション型の個体は花弁の幅が広く，互いに重なり合うのに対して，匍匐型の花弁は重なり合わない。2つの生育型の性質の違いは各々の個体によって固定されており，途中でどちらかに変化するということはないようである。また，今までに調べられた範囲では，生育型の異なる個体間ではいちじるしい生殖的隔離は生じていない。しかし，環境の違いによる個体の形態的な可塑性が大きいため，遺伝的要因と環境的要因を区別することが難しく，生育型決定のメカニズムに関しては未解決な問題が多い。生育型の違いは単純なメンデル分離，優性・劣性関係の結果で，茎が短い形質が優性，長い性質が劣性として説明できるのかもしれないが，いまのところ実生を用いた実験は難しい。Teeri(1972)やBrysting et al.(1996)は，種子によって定着した直後の実生の形態的・生態学的な多様性が高く，その後，それぞれの環境に応じて適した生育型の個体が選択され，生育環境ごとにすみわけているようにみえる可能性を示している。ツンドラに分布する植物では，同一の種内の個体群間，あるいは個体群内においても遺伝的に固定された多型が観察されることがあり，チョウノスケソウやいくつかの植物で研究されている(McGraw, 1995)。

　ムラサキユキノシタの生育型の違いは，成長や繁殖にどのような影響を与えているのだろうか？　スバールバル諸島ニーオルセン(Ny-Ålesund)のブレッガー氷河(East Brøgger Glacier)後退域では，氷河によって運搬され

た大小の岩屑が氷河の下流部に堆積してできた地形，モレーンが広がっている。夏になり，氷河が融け始めると，融けた水でモレーンの上が氾濫状態になり，いたるところに水の流れが発生する。このような水の流れに囲まれた湿潤な一様にみえる砂地の上に，匍匐型とクッション型の個体が混在して生育していた（カバー裏袖写真）。この砂地の上では，これら2つの生育型の個体は，少なくとも水分・光・栄養塩類・生育期間・撹乱に関してはほとんど同じ環境下で生育しており，遺伝的要因を環境的要因と区別して考えやすい条件であった。同じような生育環境下で2つの異なった生育型のムラサキユキノシタが混在して生育する例は，アラスカやそのほかの地域でも報告されている。

このブレッガー氷河後退域では，氷河末端からの距離によって地表面にでた年代が推定でき，上流から下流にかけて，数千年にわたるさまざまな遷移段階の植生が幅数 km の範囲で観察することができる。また，モレーンの位置や形態によっても地表面の環境が大きく異なっている。ムラサキユキノシタはこれらのさまざまな環境下で生育していることが観察された。そこで，生育型の違いがツンドラで生育する植物にとってどのような意味をもつのかを，この氷河後退域に生育している多様な形態のムラサキユキノシタを比較することによって考えてみた。

4. 形態とストレス耐性の関係

ムラサキユキノシタのシュート（茎と葉の総体）は図1のように，鱗片状の長さ 6 mm 程度の葉を対生につける。茎の外皮は木化し硬化するものの，二次肥大成長はほとんどみられない。茎の先端に花を1つつけると，花をつけたシュートの先端は枯れ，側芽から新しいシュートが伸長する。ただし，花をつけないシュートでも側芽はよく伸長する。

シュートの外部形態は当年シュートの節間の伸長によって決まり，この節間の長さがムラサキユキノシタの形態の違いを特徴づけている。シュートの第3節の長さによって 6 mm 以上を長型，1 mm から 6 mm を中間型，1 mm 以下を短型として分類し，生育型別にシュートの構成比を比較すると，

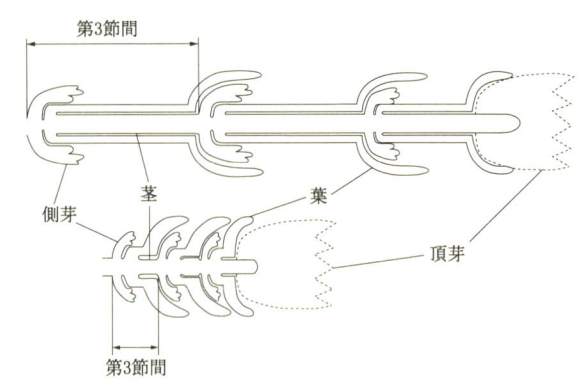

図1 ムラサキユキノシタのシュート模式図(Kume et al., 1999)。上が長形，下が短形。

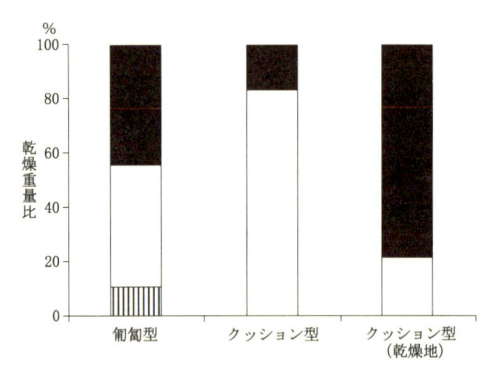

図2 ムラサキユキノシタ各生育型個体の構成シュートの乾燥重量比(Kume et al., 1999)。匍匐型の個体だけが長型のシュートをもつ。■：短型，□：中間型，▥：長型

クッション型とされてきた個体では中間型や短型のシュートだけから構成されている(図2)。匍匐型の個体は，長型のシュートをもっているが，短型のシュートの割合も高くなっている。これは，長型のシュートの側芽が短型のシュートのまま伸長しないことが多いためである。クッション型の個体は節間の長さが6mm以上の長型シュートをもたず，この違いが生育型の見かけ上の違いの原因になっている。タイプ別にシュートの乾燥重量あたりの表面積を比較すると，長型と中間型のシュートでは120 cm²/gでほとんどかわらないが，短型のシュートは35 cm²/gといちじるしく小さくなり，短型

のシュートは乾燥条件により適した特性をもっていると考えられる。

　同じクッション型の生育型をもつ植物でも，個体を構成するシュート型の比率は生育環境によってかわってくる。ブレッガー氷河後退後にできた湿潤な河川敷では，クッション型と匍匐型の植物が混在して生育し，クッション型の個体はおもに中間型のシュートによって構成されていた。一方，モレーン上の乾燥した凸地や岩場では，クッション型の個体が優占し，これらの個体はひじょうに節間長が短い，短型のシュートによって構成されていた。図2をみても，乾燥した場所と湿った場所に生育しているクッション型の植物の違いは，短型と中間型のシュートの比の違いであることがわかる。匍匐型の植物は乾燥地でも湿潤地でも長型のシュートをもっているが，乾燥地では短型のシュートの比率が増加する傾向がある。個体乾燥重量あたりの表面積を比べてみると，乾燥地のクッション型ではだいたい $50\,cm^2/g$，湿潤地に生育しているクッション型と匍匐型では $100\,cm^2/g$ ぐらいになる。異なった生育型の個体が，湿潤地ではほぼ同じ乾燥重量あたりの表面積をもつことは順化能力を考えるうえで興味深い点である。

　生育型ごとの光合成・呼吸速度をみると，個体表面積あたりの光合成速度はどの生育型の個体でも $4.0\,\mu molCO_2/m^2 \cdot s$ で大きな違いはないが，乾燥地のクッション型の個体では，個体乾燥重量あたりの光合成速度は半分程度になる。乾燥地に生育するコケ類の場合でも示されているように(Nakatsubo, 1994)，乾燥重量あたりの表面積が小さいことは水利用効率の高さ，乾燥に対して強いことを示している。さらに，呼吸消費に対する光合成生産量の比を比較すると，乾燥地のクッション型の個体の方が湿潤地の匍匐型の個体よりも平均して2〜3倍は大きくなることが示されており(Crawford et al., 1993)，クッション型の個体は呼吸消費を減少させることにより光合成産物の利用効率を高めていることがわかる。

　湿潤地に生育している2つの生育型の個体は，乾燥重量あたりの表面積には大きな差はないが，地表面をおおう面積には大きな違いがある。匍匐型の個体は約 $240\,cm^2/g$，同じ環境に生えているクッション型の個体は約 $68\,cm^2/g$，そして乾燥地に生えているクッション型の個体は約 $23\,cm^2/g$ であった。ツンドラでは，その厳しい気象条件のために植物が上方へ成長する

ことはほとんどできず，また，新規定着機会がひじょうに限られるため，定着成功後の水平方向への拡大がより重要になる。匍匐型はその点に関して有利で，実際，ニーオルセンでは，匍匐型個体の水平方向への拡大速度はほかのどの植物よりも速いようである。各生育型の1個体あたりの最大占有面積は，匍匐型では 4000 cm² 以上にまで拡大するが，クッション型では湿潤な環境下でせいぜい 1000 cm² 程度，乾燥した環境では 200 cm² 程度である。

ムラサキユキノシタは湿ったモレーンでは不定根を多数伸ばし，乾燥した環境では太い直根を伸ばす。根の形は生育環境によって変化し，生育型の違いとはあまり関係がない。乾燥環境下でクッション型の植物が太く長い直根をもつことは乾燥時の水分供給の点で有利である。モレーン上での窒素やリンなどの栄養塩類は温帯の森林土壌などと比較すると少量しか含まれておらず，しかも地表面近く 0.5 cm 以内の浅い部分に集中して分布している。このような環境下では，匍匐型の植物のように少ない乾燥重量で広い面積をおおい，多数の不定根をもつことは，栄養塩の吸収効率を高めることにつながると考えられる。根の形態が環境条件で大きく変化するのに対して，地上部と地下部の比はおもに個体の大きさに関係し，植物サイズが増加すると植物体重量に対する根重量の比は減少する。生育環境や生育型とはあまり関係しない。

氷河下部のモレーン上では，雪や氷河が大量に融ける初夏に融氷水が大量に流れだし，たびたび氾濫する。匍匐形の植物は砂をかぶって埋まってしまった場合でもシュートをすばやく伸長させ，砂の上にでる。また，水中に没しているあいだも，匍匐型の植物はクッション型の植物よりも効率的に水中の酸素を植物体中に取りこむことが知られている (Teeri, 1972)。

5. 生育型と繁殖特性の関係

生育型の違いが個体の生理生態学的な特性に大きな影響を与えていることがわかったが，繁殖に関してはどうであろうか？ 図3は同じ河原で混在して生育していたクッション型と匍匐型個体(カバー裏袖写真)の個体乾燥重量と，つけていた花の数との関係を表わしている。クッション型の個体は個体

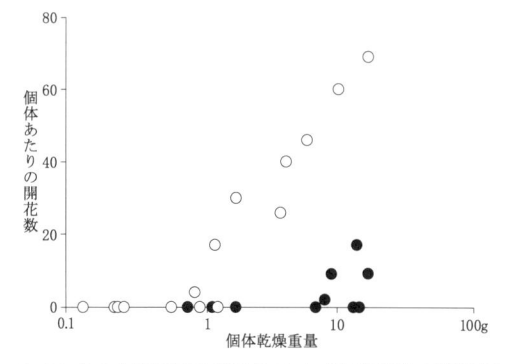

図3 ムラサキユキノシタの生育型別の植物体サイズと着花数の関係(Kume et al., 1999)。カバー裏袖写真のコドラートで同所的に生育していた個体群。○：クッション型，●：匍匐型

　重量が1gを超えると花をつけはじめ，個体重に比例して花の数が増えている。一方，匍匐型は個体重量が10gを超えるまでは花をつけていない。10gの個体重量で比較した場合，クッション型の個体は匍匐型の個体の5倍以上の花をつけている。野外で観察した場合も，個体が紫色の花で埋まっているクッション型と，赤い茎がめだち花がまばらな匍匐型ときれいに分かれている。生育型の違いによるこのような関係は，ほかの場所でも同様に観察される。しかし，個体の大きさと着花数の関係は生育環境によって異なり，生育環境がよい場所，すなわち水分が豊富にあり無雪期間が長い場所では個体重量あたりの着花数はいずれの生育型の植物でも多くなる。
　植物の散布体のサイズと散布能力は一次遷移の初期定着を考えるうえでひじょうに重要である(Chapin et al., 1994)。ムラサキユキノシタは，一次遷移の最初の段階に定着を開始する植物で，種子も風によって散布されやすい。ムラサキユキノシタの花の位置は地表面から数cmとひじょうに低い位置にあるにもかかわらず，強風条件下で個体の風下に2mの幅でビニールシートを敷き，落下した種子を数えた結果，ビニールシート上にはほとんど種子が落下せず，少なくともそれよりは遠くまで散布されていることが確かめられている(Teeri, 1972)。したがって，クッション型個体は，匍匐型個体よりも若いうちからたくさんの花をつけ，その種子もよく散布されるという，

一次遷移のパイオニア植物としてひじょうに適した性質をもっていることになる。もし，クッション型の植物が，開花の後にそのまま大量の種子を産出することができるのであれば匍匐型の植物よりもはるかに有利になるはずである。ところが，実際には最初に書いた理由(低温と花粉媒介者の不足)などによって，ニーオルセンではたくさんの開花が観察されるにもかかわらず結実率はひじょうに低く(数％)なっている。このような条件下では，いくら花をたくさんつけたとしても，そのほとんどが無駄になってしまい，それ以外の部分に投資したほうが適応的である可能性がある。花の数が少ない匍匐型個体が有利になる可能性があるのだろうか？　表1は，氷河後退から十数年たち，何個体かのムラサキユキノシタが定着している場所での新規定着個体を調べた結果である。すると，驚いたことに，シュートの一部が切れた断片から発根し定着している個体が種子由来の個体と同じくらいの数存在していることがわかった(表1)。ムラサキユキノシタはシュート断片からの再定着もかなり生じているようだ。ところで，表をみるとわかるように，シュート断片からの定着個体は匍匐型個体の近くに，種子由来の定着個体はクッション型の近くに多く見られる傾向があった。シュート形態の違いによってシュート断片からの発根能力に差があるようだ。そこで，シュートの形態別に各形のシュート断片を水で湿らせた脱脂綿の上にのせて，生育地近くの野

表1　最初の個体の定着から数年後に新しく定着した個体の由来別個体数(Kume et al., 1999)。遷移開始後十数年後，10 m×18 m のコドラートで観察。

由来	もっとも近い親個体		
	匍匐型	クッション型	総計
種子	5	11	16
シュート断片	13	6	19

表2　シュート断片の発根能力の比較実験(Kume et al., 1999)

種	発根あり	発根なし	総計
Saxifraga oppositifolia			
中間型・短型シュート	0	20	20
長型シュート	7	11	18
Salix polaris	1	19	20
Dryas octopetala	1	19	20

外に2週間おいて根がでているかどうかを確かめてみた(表2)。比較のために，極域に広く分布しているキョクヤナギとチョウノスケソウで行なった結果も示しているが，ムラサキユキノシタの長型シュートの発根能力がいちじるしく高いことがわかる。

　一次遷移の初期段階では，最初に到達するには種子が有利であることは間違いない。ただ，一度定着に成功してしまえば，長型のシュートをもつ匍匐型の個体が自分のシュート断片などからの再定着を効率よく行ない，クッション型よりも有利になる可能性がある。とくに，氷河後退直後の環境では地表の温度も低く，有性繁殖に失敗する可能性も高いと考えられ，栄養繁殖に適した長型のシュートを多数もった匍匐型個体の有利さが増すと予想される。

6. 生育型と遷移との関係

　氷河後退後，ムラサキユキノシタが定着した直後には他種との競争はほとんど存在しない。しかし，ムラサキユキノシタやほかの植物が徐々に侵入して遷移が進み，数百年後にはさまざまな維管束植物，コケ類や地衣類などにおおわれてゆく。遷移の進行と生育型にはどのような関係があるのだろうか？　図4は遷移段階別に方形区をつくり生育型ごとの変化をブレッガー氷河下流域で観察した結果をまとめたものである。ムラサキユキノシタは氷河後退後数年で定着を開始する。クッション型の個体は氷河後退後数十年で定着個体の密度が急激に増加している。ところが，匍匐型は個体数が少ないものの地表面の被覆面積はクッション型の2倍程度まで拡大している。後退後100年以上たつと，どちらの生育型でも個体群密度は増加しているが，匍匐型個体の地表面の被覆面積はクッション型よりもはるかに大きくなる。さらに1000年近くの年数がたち遷移が進行すると，コケ類やほかの植物の侵入によりムラサキユキノシタの占有する面積は減少していく。広い地表面積を支配していた匍匐型の個体もほかの植物の侵入により分断されていく。その結果，見かけ上の個体数が増えるが，占有面積は減少する。ほかの植物，おもにコケ類や地衣類の侵入は，ムラサキユキノシタのパッチの中央部から始

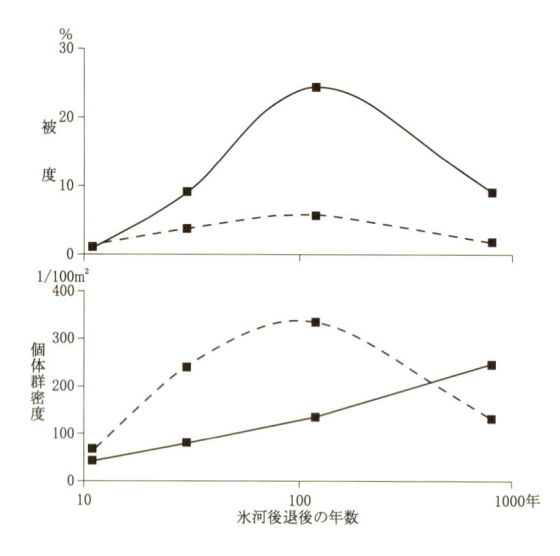

図4 ムラサキユキノシタの生育型別にみた被度と個体数の遷移段階による変化(Kume et al., 1999)。点線:クッション型,実線:匍匐型

まることが多く,大きな古いパッチでは中央部が欠け,ドーナッツ状の形態を取るようになる。ムラサキユキノシタのパッチの下にコケ類(たとえば *Sanionia uncinata* のコロニーができ,上方成長するにつれてムラサキユキノシタを埋めていくというパターンがよく観察された。極域では,湿性環境下でのコケ類の上方成長速度が高等植物よりも速くなることがある。遷移の進行にともなう他種の侵入に対しては匍匐型個体の方がクッション型個体よりも耐性があるようで,個体の生存期間は匍匐型個体の方が数百年以上長くなる可能性がある。

7. 北極域の植物にとっての生育型変異の意義

これまでみてきたように,異なった生育型のムラサキユキノシタは,さまざまな生理生態学的な特徴や繁殖様式が大きく異なっていることがわかった。生育型の違いは短,中,長型のシュートの比率の違いと考えることができる。これらのシュート型の違いは生理学的な特性すなわち,光合成・呼吸・蒸

散・発根能力の違いと密接に関連している。極域では対照的な生育微環境，積雪が遅くまで残り湿った短い生育期間の凹部と，極度に乾燥した長い生育期間の凸部がほとんど隣りあって存在している。このようなモザイク状の生育環境では，1つの個体群内での生育型の多型保持は適応的であると考えられる。チョウノスケソウでも，1つの雪田の中心部と周辺部で雪田型(snow-bed forms)と乾燥地型(fellfield forms)という生殖的隔離をともなった生態型へ分化した個体が生じていることが知られている(McGraw and Antonovics, 1983)。1つの個体群内での生育型の多型は，極域に生育する植物にとって重要な性質の1つのようである。

ムラサキユキノシタが一次遷移の初期段階で裸地への定着に成功した場合，周辺には競争する他種は存在しない。しかし，厳しい気候条件，そして極端な生育環境がモザイク状に分布する特異な環境条件のために定着するチャンスはいちじるしく少なくなっている。いったんムラサキユキノシタが定着に成功した後も，初夏の洪水や冬季の強風・低温などさまざまな撹乱が生じる。雪田周辺では，生育期間の不足のため種子を生産することができず，乾燥地では水分不足のために個体サイズを増加させることが難しくなる。遷移が進行するにつれてほかの植物がムラサキユキノシタのコロニーに進入し，それらの種との競争の結果，ムラサキユキノシタは衰退していく。

空間的・時間的に生育環境が大きく変化し，種組成の乏しいツンドラの一次遷移初期段階では，個体群内で生態学的な特性が大きく異なった，いくつかの生育型を維持する条件がそろっていることは確かである。ただし，重要な地史的な背景として，そもそも，現在のツンドラ地域のほぼ全域が氷期には氷河の下にあり，現在そこに生育している植物は，氷河後退後の最近数千年のあいだにほかの場所から移動してきたものばかりであるということがある。氷期の前にはあった種多様性も大幅に減少している可能性がある。したがって，今後，北極域の植物の生育型変異と生育環境の関係をより正しく理解していくためには，氷期と植物の移動との関係を含めた視点から考えていく必要があるだろう。

第12章 南アルプス高山帯における イワカガミ属2種のすみわけ現象

東京都高尾自然科学博物館・森広信子

1. すみわけ現象

　南アルプスのフロラリストには，イワカガミ *Schizocodon soldanelloides* とヒメイワカガミ *S. ilicifolius*，ヤマイワカガミ *S. intercedens* の，近縁な3種の常緑性草本が記載されている。このうちヤマイワカガミは山地帯にだけ生育する比較的大型の種で，ほかの2種と近接して生育することはない。しかし，イワカガミとヒメイワカガミの2種は，生育場所が似ており，イワカガミは亜高山帯上部から高山帯まで，ヒメイワカガミは山地帯から高山帯までの範囲に生育していて，両者とも生育する高山帯では，しばしばきわめて近接して生育しているのが見られ，また一部には外見上どちらとも判定に苦しむものも少数ながら見つかる。

　古い文献では両者は同一種として扱われている（たとえば大井，1983）が，最近では別種とされることが多い（山崎，1981；清水，1982）。両種を区別するうえで重要となる形質はおもに葉の形態だが，図鑑の記述をみても，「比べると違う」という程度で，典型的なものを並べると確かに違うものだといいたくなるが，たくさん見ていると，ほんとうに別種なのか疑ってしまう（図1）。はじめは両種を区別することばかり考えていたが，そのうち生育する場所が少し違っていることに気がついた。

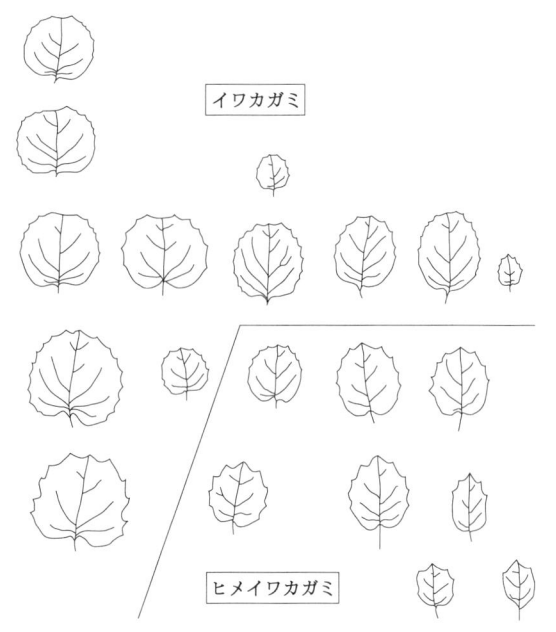

図1 南アルプス高山帯で見られるイワカガミとヒメイワカガミの葉身の形態。左上が典型的なイワカガミタイプ，右下がヒメイワカガミタイプ。

　イワカガミ（コイワカガミ f. *alpinus* を含む）はじつにさまざまな所に生育している。稜線の風衝地にはないものの，雪が吹きだまるような場所にも，ハイマツ群落のなかにもイワカガミは生育している。丈の高いお花畑になる所も，雪がとけたばかりのころに行くと，イワカガミがたくさん見られる。イワカガミは，南アルプスに限らず，高山帯ではもっともありふれた植物の1つなのだ。これに比べてヒメイワカガミのある場所は，もっと限られているようで，イワカガミのように，山に登れば必ず見つかるというものではない。全国的にみても，イワカガミが北海道から九州まで広く分布するのに対して，ヒメイワカガミは分布が狭く，太平洋側の山地に限られる。中部山岳においてもイワカガミは全域に見られるが，ヒメイワカガミは南アルプスだけにしかない。それではどんな所にヒメイワカガミは生えているのか。
　南アルプスには，幅広い尾根がよく見られる。そういった所には，比高数m以下の「線状凹地」が，多くは尾根の向きとだいたい平行に発達して，

尾根が二重，三重になっているように見える。凹地は雪田になるほど広くも深くもなく，風あたりの強い尾根に接しているので，同じような尾根-谷の地形の繰りかえしにともなって，植物群落の変化も繰りかえされる。こういう所にもヒメイワカガミが，イワカガミとともに生育していた。そこで百間平と北岳吊り尾根の2カ所で地形の断面図をつくるとともに，両者の分布を調べてみると図2のようになった。

　百間平は南アルプスの中央付近にあり，その名のとおり幅100m以上にも尾根が広がっていて，線状凹地は3列以上存在する。北アルプスや中央アルプスに比べて山容のなだらかな南アルプスでも，これほど広々とした地形のところはほかにはない。北岳吊り尾根の調査地は，百間平に比べればずっと狭く小規模なものだが，東京を前夜に発って翌日の昼にはたどり着くこと

百間平　冬季卓越風 →

北岳吊り尾根　　　　　　　　　　　　　　　　　← 冬季卓越風

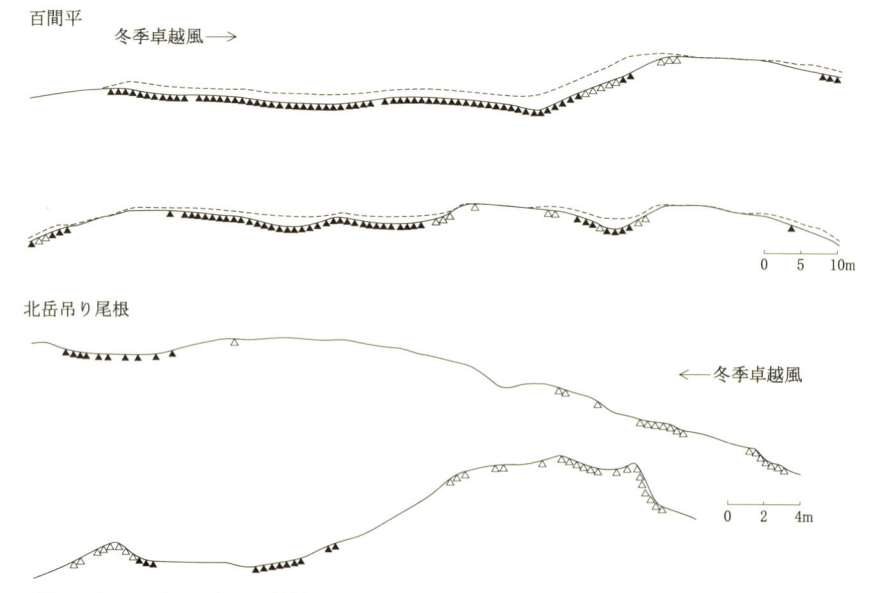

図2　南アルプスの多重山稜域における地形断面図およびイワカガミとヒメイワカガミの分布。▲がイワカガミ，△がヒメイワカガミを示す。それぞれ別の主尾根に直交する断面2つを示す。百間平は南アルプス中央部の赤石岳から西南西に約1.7km離れた標高約2750mの稜線上の平坦地で，稜線に平行して3列の線状凹地がある。点線は3月中旬の積雪面を示す。北岳吊り尾根の調査地は，南アルプス北部の北岳から東に約1.8km離れたところにあり，標高は約2800m，線状凹地は2列。

ができる．麓までの交通も便利で，交通も不便でたどり着くまでに1日半かかる百間平よりも便利なところにある．どちらも，多重山稜にそった比高の小さい尾根から谷へと植物群落のようすは規則的に移りかわり，そのあいだをつなぐ斜面はハイマツの低木林となっている．ハイマツの低木林は尾根側では低く，地面に接するように枝葉を広げているが，谷側では高くなって，葉群は地表面から離れている．このようなところでは，イワカガミは谷から斜面にかけて広く見られるのに対して，ヒメイワカガミは少数派で，尾根の辺縁部分に近いところに多く，ときには尾根上にも見られる．どちらも，ハイマツ低木林のなかにも縁にも生育しているが，尾根側の縁にあるのはヒメイワカガミであることが多い．

ほかの場所ではどうなのか？　ヒメイワカガミが見られるのは，おもに痩せて岩のでた尾根上，たとえば甲斐駒ヶ岳の周辺や，北岳では八本歯のあたりと，岩場である．北岳バットレスを登るとヒメイワカガミが所々に見られるが，傾斜が落ちてロープが必要なくなると，イワカガミばかりになる．

南アルプスの高山帯では，このようなイワカガミ属2種の一見，「すみわけ」のような現象が見られることになる．2種の生育している場所は，多重山稜のようなところでは，しばしば1mと離れていない．また，似ているとはいっても，見慣れてくるとこの2種を区別することは可能で，区別できない「中間型」に出会う頻度はごく小さい．では，この2種がすみ場所，またはすみ場所に付随する環境条件を分ける理由は何だろうか？

2．手がかり

高山植生は小さなモザイク状に入り組んで発達していることが多いが，そこには数十〜数m以下の短い距離のあいだでさえもかわってしまうような複雑な環境があり，植生変化は環境の状態を反映している．それではイワカガミやヒメイワカガミと同じ場所に生育するほかの植物から何かわかるだろうか．

多重山稜での植生は，尾根と谷では異なり，隣りあう複数の尾根と谷で，尾根には尾根の，谷には谷の特徴ある植物が生育している．イワカガミとと

もに生育するのは、チングルマ・コメススキ・アオノツガザクラ・タカネヤハズハハコなどの雪田植生に出現する植物である。ほかの山域で調査された植物社会学のデータなど（宮脇，1985）をみても、雪田植生のなかには、イワカガミが高い頻度で出現している。一方、ヒメイワカガミとともに生育するのは、ウラシマツツジ・クロマメノキ・ヒメスゲなどの風衝矮生低木群落に出現する種であり、地形から予測される"雪の積もり方"の違いが、2種の生育場所を分けているらしいことは、容易に想像がつく。ヒメイワカガミの場合、同様な植物社会学の観点から調査された植生標本のなかでは、必ずしも風衝矮生低木群落の構成種として記載されてきたわけではないが、それは植物群落としてひとまとまりのものと思えるほど、広がりをもった"調査枠"の取れる状態では見出されなかったということかもしれない。

　ハイマツ低木林では、百間平や北岳の調査地においてはキバナシャクナゲやコケモモとともにイワカガミ・ヒメイワカガミがでてくるが、植物社会学の群落を記載したデータ（宮脇，1985）ではヒメイワカガミは一例も記載されていず、イワカガミのみが記録されている。そのなかではイワカガミはどちらかというと風あたりの弱いと思われる背の高いハイマツ群落に高頻度で出現し、強風の影響をうける背の低いハイマツ群落では、出現頻度が低い。

　試みに、百間平で積雪期に測量を行なって、積雪面がどこにあるかを調べたものを、図2に点線で示した。谷では冬の早い時期から雪におおわれ、そのまま雪どけまで雪に埋まったままなのに対して、尾根は降雪直後に一時的に雪におおわれることはあるが、まもなく雪は飛ばされて地表面が露出する。北岳吊り尾根では測量はできなかったが、何度も冬に登って、谷が雪で埋まり、尾根にまったく雪がついていないのを見ている。ハイマツ低木林は、尾根側の縁でも、通常は密に茂った葉に雪を捉えて、少なくとも半ば雪におおわれた状態になっているが、乾燥した晴天が続くと、葉が露出することはある。百間平と北岳吊り尾根は、尾根の走っている向きが違っているが、冬季の季節風はどちらも尾根に直交する方向に吹く。

　雪どけの方はどうか。尾根では初めから雪がないようなものだから、気温が上がればすぐに植物の活動が始まるようだ。5月の下旬にはすでにミヤマキンバイなどは開花しているし、ミヤマウシノケグサ・ヒメスゲなどは緑の

葉がめだってくる。6月にはいればウラシマツツジの花が咲く。ヒメイワカガミも花茎が出現する。そのころ，谷はまだ雪の下になっている。いつ雪が消えるかは谷の広さと深さにもよるが，遅くとも7月初めには谷の雪も消えて，植物の活動も始っている。北アルプスのように夏まで残雪が豊富にあるということはないし，雪が消えてしまえば尾根と同様にかなり乾燥する。だから尾根と谷の活動期間の差は，年による積雪量の変動もあるが，どんなに大きく見積もっても1カ月でしかない。もちろん，谷によってはもっと差が短くなり，6月初めにはすでに雪からでているイワカガミもある。もっとも，植物が活動できるのは最大で5月下旬から10月中旬までの5カ月でしかない場所で，1カ月の差は大きいかもしれないが，イワカガミとヒメイワカガミのすみわけ現象に関していえば，重要ではないだろう。

　どうもヒメイワカガミは，イワカガミのすめない，雪の積もりにくい場所で生活しているようだ。

3．個体群統計

　当面，測定機材などが使える環境ではないので，生理的な特性を比較することはできないし，実験などもできない。といって何も手段がないのだろうか？　今現在のこの2種の生活ぶりを比較することから，何かわからないだろうか？

　2種のイワカガミは地下茎を伸ばして栄養繁殖をする植物なので，"個体"を識別することはできない。そのため地上にでたラミートの数と大きさの変動を追うことにする。なおラミートとは，高等植物で同一クローンに属する球根や球茎などの分球と，分株体のことをいう。両種ともほとんど葉でできているような植物なので，ラミートの大きさは葉面積を指標にする。これもイワカガミとヒメイワカガミで別々に，葉の形を紙にトレースしたものを用いて，葉面積と葉の長径・短径の関係を求めておき，繰りかえし測定するのは長径と短径のみとした。長径・短径から推定した葉面積のデータを用いて各集団における葉面積指数（単位地表面積に対する全葉面積の比）を算出し，集団の大きさの指標とした。また密度が高いので，個々のラミートを区別し

てマーキングすることは難しい。そこで個々のラミートは区別しないでマーキングしたが，この方法でも死亡・新生したものを区別することはできる。北岳吊り尾根での結果を図3・4および表1に示す。

調査は生育期間の開始時(6月初旬)と終了時(9月末〜10月初旬)の年2回

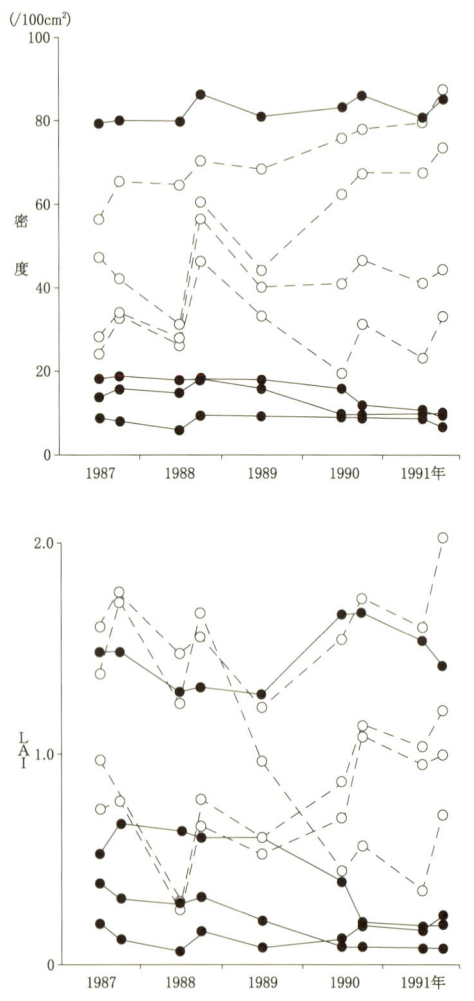

図3 北岳吊り尾根でのイワカガミとヒメイワカガミの集団におけるラミートの密度と葉面積指数(LAI)変動。黒丸と実線はイワカガミ，白丸と破線はヒメイワカガミの集団。

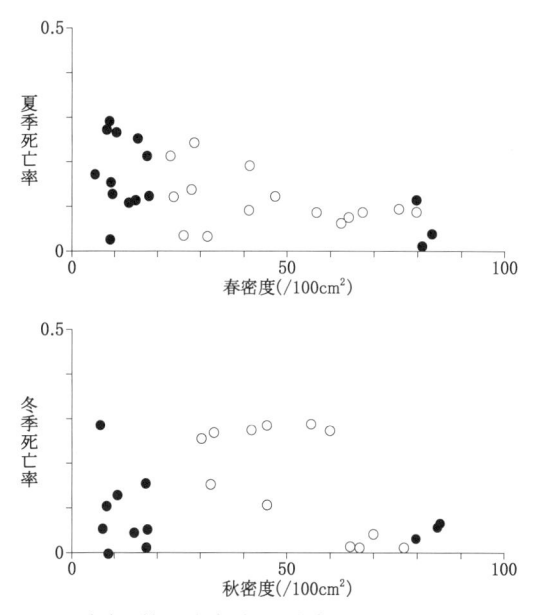

図4 春・秋のラミート密度と続く夏・冬季の死亡率。●：イワカガミ，○：ヒメイワカガミ

としたが，悪天候などの理由で調査ができなかったときもあったので，一部データが抜けている。調べた集団の数はイワカガミ・ヒメイワカガミとも4集団，調査面積は密度によって異なるので，図・表では100 cm²あたりのラミート数に直してある。ラミート密度は集団によって異なり，変動もするが，イワカガミではかなり低い密度の集団があるのに対して，ヒメイワカガミでは平均的に密度が高くなっている。このあいだに実生由来と考えられるラミートの加入はいずれの種でもゼロであり，新生ラミートはすべて地下茎に由来するものであった。また開花するラミートは全体の2割以下であった。

ラミート密度の変動はヒメイワカガミで大きい(図3)。葉面積指数の変動はラミート密度の変動と同調しており，ヒメイワカガミではラミート密度よりも大きく変化している。このことは葉の損傷などによる葉面積の減少がラミートの死亡につながっている可能性を示している。

夏季と冬季では，ラミートの生死にかかわる環境条件の働き方も異なり，またイワカガミ側での反応も異なってくる。とくに冬季，雪の状態とすみわ

表1 イワカガミ属2種のラミート密度と死亡率および新生率

年		春密度 (/100cm²)	冬季死亡率	新生率	夏季死亡率	秋密度 (/100cm²)
1987	イワカガミ1	8.5		0.21	0.29	7.8
	イワカガミ2	18.2		0.14	0.13	18.3
	イワカガミ3	13.5		0.26	0.11	15.5
	イワカガミ4	79.0		0.13	0.11	80.0
	ヒメイワカガミ1	28.0		0.46	0.25	34.0
	ヒメイワカガミ2	47.0		0.02	0.13	42.0
	ヒメイワカガミ3	24.0		0.50	0.13	33.0
	ヒメイワカガミ4	56.0		0.21	0.09	65.0
1988	イワカガミ1	5.8	0.29	0.78	0.17	9.3
	イワカガミ2	17.3	0.06	0.26	0.22	18.0
	イワカガミ3	14.8	0.05	0.32	0.12	17.8
	イワカガミ4	79.5	0.03	0.16	0.09	86.0
	ヒメイワカガミ1	26.0	0.27	0.81	0.04	56.0
	ヒメイワカガミ2	31.0	0.26	0.97	0.03	60.0
	ヒメイワカガミ3	28.0	0.15	0.71	0.14	46.0
	ヒメイワカガミ4	64.0	0.02	0.15	0.07	70.0
1989	イワカガミ1	8.8	0.11			
	イワカガミ2	15.3	0.15			
	イワカガミ3	17.5	0.01			
	イワカガミ4	80.5	0.06			
	ヒメイワカガミ1	40.0	0.29			
	ヒメイワカガミ2	44.0	0.27			
	ヒメイワカガミ3	33.0	0.28			
	ヒメイワカガミ4	68.0	0.04			
1990	イワカガミ1	8.8		0.11	0.03	9.5
	イワカガミ2	9.5		0.05	0.13	8.8
	イワカガミ3	15.5		0.02	0.26	11.8
	イワカガミ4	83.0		0.04	0.04	85.5
	ヒメイワカガミ1	41.0		0.22	0.10	46.0
	ヒメイワカガミ2	62.0		0.15	0.07	67.0
	ヒメイワカガミ3	19.0		0.95	0.04	31.0
	ヒメイワカガミ4	75.5		0.09	0.09	77.5
1991	イワカガミ1	9.5	0.00	0.03	0.16	9.3
	イワカガミ2	8.3	0.06	0.03	0.27	6.3
	イワカガミ3	10.3	0.13	0.12	0.26	9.5
	イワカガミ4	80.5	0.06	0.06	0.01	85.0
	ヒメイワカガミ1	41.0	0.11	0.22	0.20	44.0
	ヒメイワカガミ2	67.0	0.02	0.15	0.09	73.0
	ヒメイワカガミ3	23.0	0.26	0.61	0.22	33.0
	ヒメイワカガミ4	79.5	0.01	0.18	0.09	87.0

け現象が関係しているとすれば，この時期の死亡率が両者で異なってくるはずである．もちろん集団によって，おかれている環境が少しずつ異なり，その結果死亡率が異なることは考えられるし，冬の状態が毎年まったく同じであるはずもない．とくに近年は冬季の雪の降り方の変動が激しく，この調査を行なっていた期間でも，1988〜1989年にかけての冬は積雪が多く，春の雪どけも遅れた(冬の後半からの積雪がとくに多かった)．それでもヒメイワカガミの冬季死亡率は，イワカガミより高い場合が多く，密度が50/100 cm²以下の場合は0.2を越えていることが多い(図4)．ラミート密度が高い場合はどちらの場合も死亡率は低くなっている(0.06以下)．イワカガミの場合，ラミート密度はヒメイワカガミよりずっと低いにもかかわらず，冬季死亡率はそれほど高くない．

　夏季の密度変動は，夏季の死亡数と新しくつくられたラミート数によって生じる．夏季死亡率には冬季のような種間の差がみられず，また密度の高い集団でもやや高い死亡率を示すこともあった．ラミートの生産率(新生率)は，冬季死亡率が高かった翌夏には，両種とも顕著に高くなった．まるで冬季に失われた分を取りもどそうとするかのように．

　イワカガミは冬のあいだ，雪の下にあるから，風や乾燥からは完全に保護されている．それに対してヒメイワカガミは，多少とも風と乾燥にさらされる危険のある場所に生育している．ウラシマツツジやクロマメノキといった

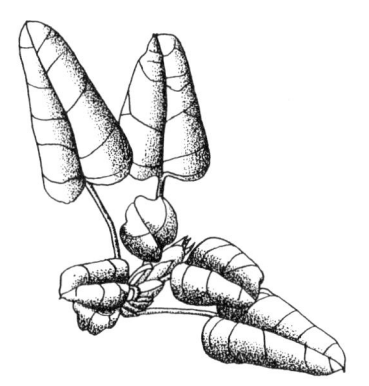

図5　葉裏を内側にして丸まったヒメイワカガミ

落葉性植物が優占するこのような厳しい環境に，常緑葉をもちながら進出するためには，イワカガミとは違った生理的なしかけがなくてはならない。また，高いラミート密度をつくりだし，維持することは，風や乾燥から身を守るうえでも重要な意味をもつだろう。イワカガミの葉がいつでも平らに開いているのに，ヒメイワカガミではとくに乾燥したときに葉裏を内側にして丸まっているのが観察される(図5)。このようなことからも，乾燥に対してある程度の対応ができる種であろうと予想される。

4. ほかの地域で

イワカガミもヒメイワカガミも高山にだけ生育しているわけではないし，南アルプス以外の山にも分布している。ほかのところでも南アルプスでみたような関係がみつかるだろうか。標本資料と観察から検証してみた。

前述したように，イワカガミは北海道から九州まで分布し，日本海側の地域では低山から高山まで，太平洋側の地域では亜高山帯から高山帯までと，幅広いが，日本海側と太平洋側で生育の幅に差がある。生育する環境もさまざまだ。ヒメイワカガミは太平洋側の地域，北関東から紀伊半島までの，山地から高山まで分布している。観察できた範囲では，すべて，岩のでた土壌の浅い尾根や急斜面や岩場などに生育していた。なお，屋久島にはイワカガミとヒメイワカガミの中間型のようなものがあると，図鑑などには書かれているが，見た限りではイワカガミで，ヒメイワカガミではないようだった。

このうち谷川岳を含む上越・上信越国境の山々では，地域的にはイワカガミ(オオイワカガミ f. *magnus* も含む)とヒメイワカガミの両方が見られるが，南アルプスの高山のように近接して生育している場所は発見できていないし，区別できないような中間型も見ていない。イワカガミが落葉樹林の林床から湿原までのさまざまな場所に，普通に見られるのに，ヒメイワカガミがごく限られた場所，多くは岩のでた尾根状の急斜面(たとえば谷川岳一ノ倉沢の急峻なリッジ・岩壁)や痩せた尾根(オジカ沢ノ頭付近)，谷の側壁などに限られるのは，南アルプスと同じである。このようなところに雪のある時期に行くと，ほかの場所が雪におおわれていても，地面が露出していることがよ

くある．多量の湿った雪が降る地域であるため，多重山稜のような場所があったとしても，全面が雪でおおわれてしまうために，南アルプスで見られたような，両者が近接して生育しうるような場所はないのかもしれない．またこの地域では，ヒメイワカガミには白い花が咲く．白い花のヒメイワカガミは，北関東から上越・上信越国境までの，ヒメイワカガミの分布域のうち北端にあたる一部分に，地域的にはまとまって分布していて，奥秩父・奥多摩から紀伊半島までのより広い地域では，イワカガミ同様ピンク色の花が咲く．ヒメイワカガミの花の色は，分布の広がりではピンク色の花の方が広く，白い花はヒメイワカガミの分布域の北側の端にあたる地域に限られている*．

　北関東・奥多摩・奥秩父などのとくに標高の低いところでは，冬，雪は少なく，地表面はひじょうに乾燥する．太平洋側の地域でイワカガミが低山まで生活場所を広げることができないのは，このためではないだろうか．そしてヒメイワカガミはイワカガミの生活できない場所であった〝乾いた冬〟をもつ地域や場所を，生活場所として開拓していった植物なのではないだろうか．もしイワカガミとヒメイワカガミの地域集団を遺伝的に解析することができれば，現在見られる集団がどこから生じ，白い花の集団がどこで生まれたのかわかるだろう．

5．イワカガミにおけるすみわけとは

　生態学における〝すみわけ〟現象は生活様式の似通った2つの種が単にすみ場所をかえて共存するというだけでなく，その2種がそれぞれ単独でいる場合には同じ場所にすみうるのに，他種がいる場合には競争の結果生活場所を分かちあい，共存し続ける現象をさす．この意味ではイワカガミ属2種の生活場所の違いは，厳密には〝すみわけ〟にはあたらない．ヒメイワカガミ

---

*清水(1982)の図鑑でヒメイワカガミの花が白となっているのは，基準標本が那須(白花地域になる)のものだからであろう．基準標本はヒメイワカガミを認識する際にたまたま採用されたという面があり，その分類群の〝標準〟ではない．全体の分布域からみれば白花の分布域は一部で少数派ではある．しかし，地域的にまとまっていることは，何か深い意味がありそうである．

の生活場所には，もともとイワカガミははいれないのであり，今でもそうなのだ。けれども，今では競争のない場合でも，過去の競争の結果生活場所が分かれ，異なった環境に適応した性質が固定されて種分化が生じたという，広義の意味で〝すみわけ〟が用いられることもある。この意味では，イワカガミ属2種の生活場所の違いは〝すみわけ〟といえるかもしれない。ヒメイワカガミは，イワカガミにはすめなかった〝空き地〟を，生活場所として取りこむ手段を獲得しえたために，南アルプスでも，太平洋側のほかの地域でも生活場所が得られるようになったのではないか。その手段が冬の乾燥への対策だったのだろう。

　ではヒメイワカガミは逆にイワカガミの生活場所に，どうしてはいっていかないのか。百間平の分布図では，ヒメイワカガミが，雪の保護が期待できる場所にもはいっている。少なくともヒメイワカガミがイワカガミの生活場所では生きていけないと考える理由はない。それとも乾燥対策と引きかえに，何か失ったものがあるのだろうか。このあたりのことは，生理的な性質をきちんと調べてみないとわからない。

　高山環境は，植物が生きていくギリギリの場所であり，空間的にはひじょうに近接した場所でも環境条件が変化していることがあって，そのことが多様な植生景観をつくりだしているとは，直感的にも理解できる。そのなかにイワカガミとヒメイワカガミの〝すみわけ〟現象も含まれていたのだが，同じような例はほかにないだろうか。また同種であっても，遺伝的な性質を異にするものが，違った環境に生育していることは，十分に考えられるし，同種であるだけに現象そのものが見落とされていることもありうると思う。環境要因にしても，冬の乾燥以外のものも，そうしたすみわけを規定する因子となっている場合もあるはずだ。

環境操作に対する高山植物の反応
大雪山での温室実験

第 *13* 章

財団法人環境科学技術研究所・鈴木静男

　近年，地球温暖化が世界的な環境問題として報じられている。二酸化炭素，メタン，亜酸化窒素，フロンガスなどは太陽からの熱を地球に閉じこめる働きがあり温室効果ガスと呼ばれている。これらの物質は人間の活動が活発になるにつれて大量に大気中に放出されてきた。地球の温度は日射エネルギーと地球から宇宙へ放射されるエネルギーのバランスで決まる。地球温暖化とは，大気中での温室効果ガス濃度の上昇にともない多くの熱エネルギーが地表面に再放射されるために地表面の温度が上昇することである。

　現在のペースで温室効果ガスが増え続けると100年後には地表面の温度が約2～3℃上昇するだろうと予測されている。過去1万年のあいだに平均地表気温はせいぜい1℃しか上昇してないことを考えると，100年後に2～3℃上昇するということはひじょうに急激な温度変化であることがわかる。

　局地的な地形によって影響されるが，気温は標高が高くなるにつれて低下する。平均すると気温減率は0.55℃/100 mである(柴田，1985)。もし温度だけで植物の分布が決まっているとしたら，1℃温度が上昇することは今よりも標高が約200 m高い場所に現在の植生が移ることになる。極論すれば2～3℃の温度上昇により高山植生が消えてしまう場所がでてくるわけである。ここまで極端ではないにしても，短期間での急激な気温の変化に対応できない種が多くみられ，現在存在している高山植生を劇的に変化させることにより，高山生態系の再編成が生じるのではないかと危惧されている。

温度上昇は地球上どこでも同じではなく，赤道付近よりも北極や南極のような高緯度地域ではより上昇が大きくなるといわれている。北極域に見られるツンドラは森林限界よりも極側に位置する高木が分布しない地域のことで，この地域は低温のため高木が生育しない。そして植生は連続した草原または低木を混じえた草原になっている。この生態系は，森林生態系と比較すると三次元的に複雑な階層をもたず，上層木の被圧や保護を強くうけることがないので，環境の変化が直接植物に大きな影響を与えると考えられる。このような背景をふまえて周北極域の多くの場所でグラスファイバーやアクリル板を用いた野外での周北極植物(北半球の温帯から寒帯に広く分布する植物)に対する人工温暖化実験が行なわれるようになってきた。温帯の高山域も森林生態系と比較すると，北極域のツンドラと同様に三次元的に複雑な階層をもたず，上層木の被圧や保護を強くうけることがほとんどないので，環境変化が植物に直接大きな影響を与えるものと考えられる。温帯高山は多くの場合，周北極植物種の分布の地理的南限にあたる。同種でも北極域に生育する個体群と温帯高山に生育する個体群とでは生育環境の温度が大きく異なる。したがって，分布の南限付近の温帯高山で，温暖化がこれら周北極植物にどのような影響を与えるのかということは重要な問題である。このような理由により大雪山系に開放型温室を用いた野外実験を1995年から開始し，現在，研究成果が発表されつつある状況である。

　それでは生育環境の温度が上昇したときに，植物にどのような反応が現われると予想されるのだろうか。今までに報告されている論文からみられる傾向として，環境変化に対する植物の反応は大まかに以下の3つの時間レベルに分けることができる。第一に1年程度でのフェノロジーや個葉特性の変化，第二に3〜5年程度の成長や繁殖投資量の変化，第三におおよそ5年以上で種の優占度が変化することである。このような時間観点で植物を観察した。本章では大雪山系での温室実験から得られた3年間の結果について紹介する。また，地球温暖化による環境変化は複雑でいろいろな側面からアプローチされているが，ここでは温度と生育期間(1年のうちで，目に見えるような成長が起こる期間)に限定して話を進めていくことにする。

1. 開放型温室と観察した植物

調査は大雪山系にある風衝地(標高 1700 m)で行なった。ここは通常5月初旬に雪がとけ，10月初旬頃から積雪期になる。5，6月は晴天の日が多いが，7～9月は降水量が比較的多くなる。この調査地に生育するおもな植物種はクロマメノキ・ウラシマツツジ・ガンコウラン・ヒメイソツツジ・コケモモ・ミネズオウ・イワウメ・チシマツガザクラなどで，植生高はせいぜい十数 cm である。またハイマツがパッチ状に分布している。

1994年の生育シーズンが終わる9月下旬に11個の温室を設置し，植物の観察は翌1995年から開始した。1つの温室は5枚のアクリル板(厚さ3 mm)からなっており底部面積が 0.43 m²，上部面積が 0.15 m²，高さが 0.3 m の大きさである(写真1)。自記温度計を設置し，1時間ごとの温度を継続して測定したところ，温室内部の日平均気温は6～9月までの生育シーズン

写真1 実験に用いた開放型温室。このタイプの温室を高山風衝地に11個設置した。比較のためにそれぞれの温室の近くに対照区を計11個設置した。

をとおして1.7°C上昇していた。平均気温でみれば地球温暖化により今後予想される温度に近い値である。しかし，日最高気温は生育シーズンをとおしてだいたい6°C高く，日最低気温はほとんど変化がないことから，この温室の温度促進効果は日中の晴天時により顕著であることがわかっている(Suzuki and Kudo, 1997)。上部が開放されているのは温暖化を想定して急激な温度上昇が内部で起こらないようにするためだけでなく，降水量を変化させず日射量の変化も少なくするという利点がある。

調査種を選ぶ際に落葉性と常緑性という点に着目し，実験には落葉矮生低木のウラシマツツジ・クロマメノキと常緑矮生低木のヒメイソツツジ・コケモモ・ガンコウランの5種を用いた。これは，常緑種は個葉の寿命が数年であるのに対し，落葉種はたった1生育シーズンしか保持せず，光合成による炭素獲得を考える際には重要な要因である(Karlsson, 1985)ということと，常緑種の古い葉は成長や繁殖のための資源を貯蔵する働きをもっていると報告されているからである(Chapin et al., 1980; Shaver, 1983; Karlsson, 1994)。温室設置が植物に対して，どのくらいの効果があるのかを比較するために，各々の温室区の近くに何も施さない対照区をそれぞれ設け，計11個の温室区と11個の対照区を設置し，これらの植物を観察した。

2. フェノロジーへの影響

我々の生活のなかでサクラはひじょうに身近な花としてあげられる。平安時代の昔から日本人は花見に興じてきた。現在では〝サクラ前線〟のように開花の予想もされ，それを聞くとなぜかしら心が浮きたってくる。また季語には〝初花〟〝残花〟などとあるように，私たちは開花時期に関心を払ってきただけでなく開花状況に応じて言葉を使い分けてきた。ここではそのような植物の振る舞いに対してフェノロジーという言葉を使うことにする。フェノロジーとは生物季節学ともいい，正確には季節的に起こる自然界の動植物が示す諸現象の時間的変化(たとえば，植物の発芽・開芽・開花・落葉などの時期，動物では繁殖・休眠・変態などの時期)のことをさす。

植物にとって葉は生きていくために必要な光合成産物を稼ぐための主要な

器官で，個体の成長や繁殖にかかわる形質であるといえる。また花はその後の種子生産，ひいては子孫存続とも密接にかかわってくる。したがって植物が葉をいつだしていつ枯からすのかや，花がいつ咲き始め結実するのかはとても重要であるので葉と花のフェノロジーについてみていくことにする。

ではまず葉のフェノロジーについてみてみよう。落葉種のクロマメノキは温室の設置に対してより敏感に反応し，3年間とも開葉が早まり，逆に紅葉は遅れた。開葉または紅葉の判断はマークしてある植物の葉が1枚でも開けば開葉，1枚でも色が赤く変色すれば紅葉とみなした。ウラシマツツジは2年目だけに開葉が早まり紅葉が遅れたが，1年目と3年目ではたいして違いはみられない。次に常緑種だが，ヒメイソツツジは3年間とも開葉時期に違いはなく，コケモモは2年目のみ，ガンコウランは3年目のみ開葉が早まった(ただし，コケモモとガンコウランについては2年目からフェノロジーを観察した)。このように同じ場所でも種によって反応の敏感さが異なることがわかる。北極域の実験でも同一調査場所にもかかわらず，開葉が早まる種とそうでない種があると報告されている。

植物のフェノロジーは有効積算温度によって影響をうける可能性がある。Larcher(1995)によると，山地に生育する植物の開芽や開花は0〜6°Cが臨界の温度である(これより低い温度では開芽または開花しない)と述べている。したがって調査している5種の発育限界温度(発育ゼロ点)を5°Cとして，日平均気温と発育限界温度との差の雪どけから開葉までの時間積算(有効積算温度)を求めてみた。ウラシマツツジの場合，雪どけから開葉が始まるまでの有効積算温度の平均値は，1年目には温室内で184°C・日，温室外で124°C・日，2年目は温室内で244°C・日，温室外で181°C・日，3年目は温室内で133°C・日，温室外で58°C・日というように大きく異なっていた。クロマメノキ・ヒメイソツツジ・コケモモ・ガンコウランにおいてもウラシマツツジと同様に開葉までの積算温度が大きく異なっていた。発育限界温度を0°Cとして同様に行なってみたが，開葉までの積算温度は大きく異なっていた。もし開葉開始時期が有効積算温度だけで決まっているとしたら，雪どけから開葉までのこの温度は同じことになる。しかし上で述べたように大きく異なっているということは，開葉開始時期は必ずしも有効積算温度だけで決まって

いるわけではなさそうだ。
　クロマメノキの開花時期は1年目だけ早まったが，2, 3年目では違いはみられない(マークした個体で十分な開花個体サンプル数が得られたのはクロマメノキのみ)。また，雪どけから開花までの有効積算温度も大きく異なっていた。北極域での温室実験では開花時期が早まるという報告がある一方で，必ずしも毎年早まるわけではないという報告もある。Molau(1997)は，多年生草本 *Ranunculus nivalis* の雪どけから開花までの期間は降水量と一番密接なかかわりがある(雨が多いと開花時期が遅れる)と報告している。大雪山での実験で積算温度との明瞭な関係がみられないのは，ほかの環境要因も大きく影響しているのかもしれない。

3. 個葉特性への影響

　環境変化が生じたときに，植物ではまず葉にその影響が現われやすいと報告されている(Dickson and Isebrands, 1991)。葉の特性は，光合成による炭素固定能力を決定する重要な性質である。環境変化に対する葉の特性変化は二酸化炭素同化量の増減につながり，植物の成長や繁殖に大きな影響を及ぼすと考えることができる。ここでは1枚1枚の葉の特性(乾重量，面積，窒素含有量，寿命)がどのような影響をうけたのかを述べる。
　個葉重(葉1枚の平均乾重)は3年間ともすべての種でほとんど変化はみられないが，個葉面積(葉1枚の平均面積)は温室内で増加する傾向があった(ただ，変化のみられる年とそうでない年があり，また変化する年が種間で必ずしも同調していない)。落葉種の葉の寿命を温室内外で比べたところ，3年間とも温室内で増加した(図1)。常緑種では，葉の寿命は1年以上あり，冬のあいだや雪どけ直後など葉がいつ落ちたのか観察が難しい時期がある。そこで実験3年目の生育シーズンも終わりに近い9月下旬に葉の生存率を調べた。結果はすべての種で増加していた。このことから落葉種・常緑種とも葉の寿命は延長されていたことがわかる。
　光合成速度は温度の上昇とともに増加していくが，ある温度で最大になる。その最大光合成速度と葉の窒素含有量とは正の相関関係があると報告されて

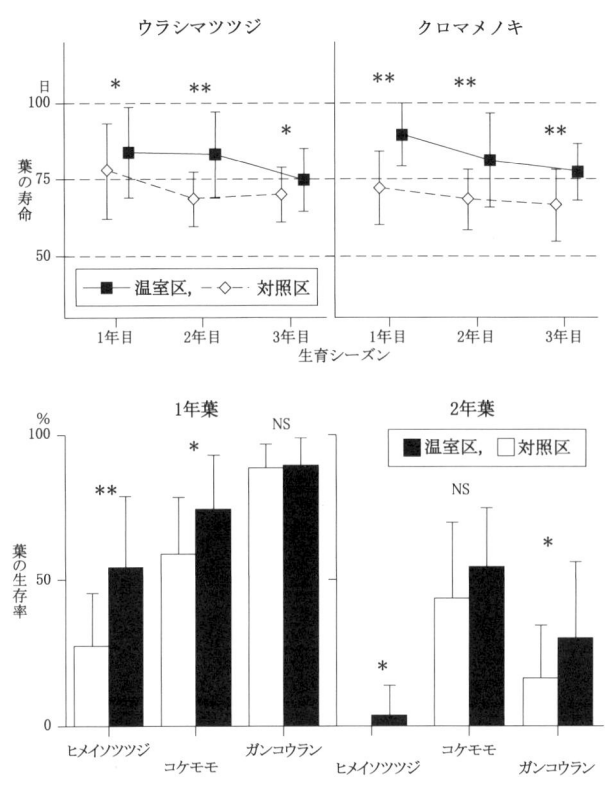

図1 上：落葉種2種(ウラシマツツジとクロマメノキ)の葉の寿命，下：常緑3種(ヒメイソツツジ，コケモモ，ガンコウラン)の葉の生存率(Suzuki and Kudo, 2000 を一部改変)。落葉種についてはそれぞれの実験年に対する葉の寿命の変化を温室区と対照区で表わしてある。常緑種については実験3年目の9月下旬における1年葉(1年前の生育シーズンに開葉した葉。ここでは実験2年目のシーズンに開葉した葉)と2年葉(2年前の生育シーズンに開葉した葉。ここでは実験1年目のシーズンに開葉した葉)の生存率を温室区と対照区で表わしてある。*$P<0.05$；**$P<0.01$；NS：有意差なし(それぞれWilcoxonの符号順位検定による)，縦線は標準偏差を表わす。

いる(Field and Mooney, 1986; Reich et al., 1992)ので，葉の窒素濃度を調べることは光合成能力を知る1つの目安になる。我々の実験で葉の窒素濃度は減少する傾向があった(ただ，変化のみられる年とそうでない年があり，また種間でも減少する年は必ずしも同調していない)。このことから温室内の植物の葉は最大光合成速度が低くなっている可能性がある。しかし一方で，

温室内は温度が高いので,実現されている光合成は温室内で増加していることも考えられる。Karlsson(1985)はコケモモとクロマメノキの光合成速度の季節変化を比較している。それによると常緑性のコケモモは落葉性のクロマメノキに比べて最大光合成速度は低いが,雪どけ後すぐに光合成を開始していた。また,クロマメノキがすべての葉を落葉させてしまった時期でもコケモモは光合成をすることができる。単位葉重あたりで換算したときに,コケモモはクロマメノキとほぼ同量の二酸化炭素を同化できると述べている。すなわち植物の二酸化炭素同化量は光合成速度だけでなく,光合成を行なうことのできる期間とも大きく関係しているのである。

そこで光合成を行なう際に温度とともに重要な光条件についてもみてみよう。この実験で生育シーズンが延長されることによって植物がうける日射量が温室内でどれだけ増加しているのかを調べた。その際,常緑種の生育シーズンがいつ終わるのかを正確に判断するのは難しいので,落葉種についてのみ評価を行なった。日射量はマークした各々の個体が開葉を開始してから上で述べた葉寿命の期間にうけた量で表わした。ウラシマツツジの場合,その平均値は2年目では温室内で1022 MJ/m²,対照区で846 MJ/m²,3年目では温室内で1116 MJ/m²,対照区で1042 MJ/m² であり,温室内の植物は対照区の植物に比べて2年目には20.8%,3年目には7.1%,多くの日射量をうけていることになる。同様にクロマメノキの場合は2年目には19.7%,3年目には17.2%,多くの日射量をうけていることがわかった。ここに実験1年目の結果を示すことができなかったが,これは配線を動物にかみ切られてしまい途中のデータが抜け落ちてしまったからである。野外ではこのようなハプニングがたまに生じる。

4. 成長と繁殖への影響

それぞれの種がそこに存在し続け,そして生育場所を広げていくためには,栄養成長かまたは繁殖を行なうことが必要である。ここではこれら2つがどのように影響をうけるのかをみていくことにする。

まずは栄養成長についてみてみよう。ここではその指標として,生産葉

数・生産葉乾重・枝伸長量を用いる。大雪山の調査地では3年間に生産された葉数はクロマメノキに関して温室内外で違いはみられない。しかしウラシマツツジ・ヒメイソツツジ・コケモモ・ガンコウランに関しては温室内で増加した。また，3年間の総生産葉乾重はウラシマツツジ・ヒメイソツツジ・コケモモ・ガンコウランで温室内で増加し，クロマメノキについては違いがみられない(図2)。生産葉重の増加は生産葉数の増加と対応していて，1枚の葉への投資を変化させるよりもむしろ葉数を増加させていた。また枝の伸長量については，常緑種のヒメイソツツジ・コケモモ・ガンコウランで大きく増加したが，落葉種のウラシマツツジ・クロマメノキでは違いはみられない(図3)。

Havström et al.(1993)は寒帯の寒地荒原と亜寒帯の高地と低地の3地域で，常緑矮生低木のイワヒゲの一種 *Cassiope tetragona* の成長を温室処理と施肥処理を組み合せて比較し，3年間の結果を報告している。生育期間をとおして気温が低い寒地荒原と亜寒帯の高地では，温室の設置により成長が増加した。しかし，この3地域のなかで一番暖かい亜寒帯の低地では成長に変化はない。一方，施肥処理により土壌中の養分濃度を高めると，亜寒帯の低地で成長が増加したのに対して，寒地荒原と亜寒帯の高地では変化がない。このことから彼らはより寒い地域ではこの植物の成長は温度が制限要因に

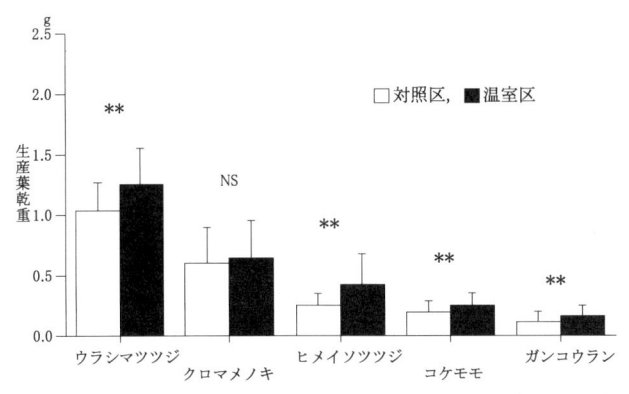

図2 マークした1本の枝から開放型温室設置後に生産された3年間の葉乾重(Suzuki and Kudo, 2000を一部改変)。**$P<0.01$(Wilcoxonの符号順位検定による)。縦線は標準偏差を表わす。

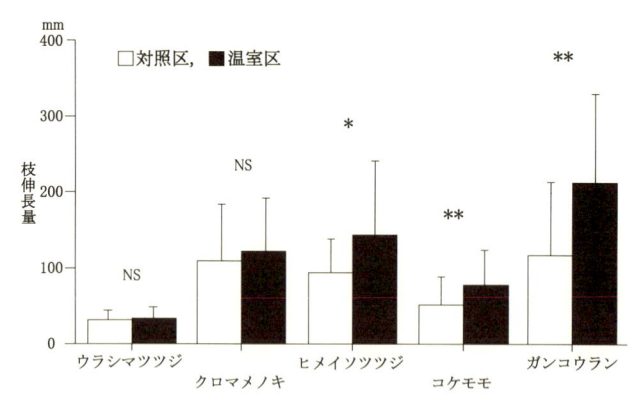

図3 マークした1本の枝から開放型温室設置後に生産された3年間の枝伸長量(Suzuki and Kudo, 2000 を一部改変)。*$P<0.05$；**$P<0.01$(ともにWilcoxonの符号順位検定による)。縦線は標準偏差を表わす。

なっていて，この種の分布の南方で相対的に温度が高い地域では栄養塩が制限要因になっているのではないかと述べている。

温室の設置は繁殖にどう影響するのだろうか。ここでは繁殖努力と繁殖成功に分けて考えてみる。繁殖努力とは一般に，ある特定の期間内に個体が保有している資源のうち，繁殖に費やす資源の割合のことである。繁殖成功とは通常，1成体が次世代に残す成体の数で表わす。ツンドラに生育する植物では一般に繁殖努力は前年までの気候に大きく影響をうけるが，繁殖成功(ここでは生産種子数)はその年の開花時期の天候に大きく左右される(Molau, 1993)。これはその年に花を咲かせるかどうかは，前年の生育シーズン終了時には決まっていることが多く，もしそれまでの期間に気候条件に恵まれれば光合成による二酸化炭素同化量が増加し，繁殖努力へ投資できるからである。また，繁殖成功は開花年の花粉媒介昆虫の活動性や果実発育過程の温度と十分な期間が必要だからである(Kudo, 1992)。

3年間(コケモモについては2年間)に生産された花数(ガンコウランについては開花の有無)を大雪山の実験でみてみよう(図4)。落葉種のウラシマツツジとクロマメノキは温室内で増加していることがわかる。一方，常緑種のヒメイソツツジ・コケモモ・ガンコウランでは違いがない。つまり落葉種のウラシマツツジとクロマメノキはこの繁殖努力の増加がみられた。この実

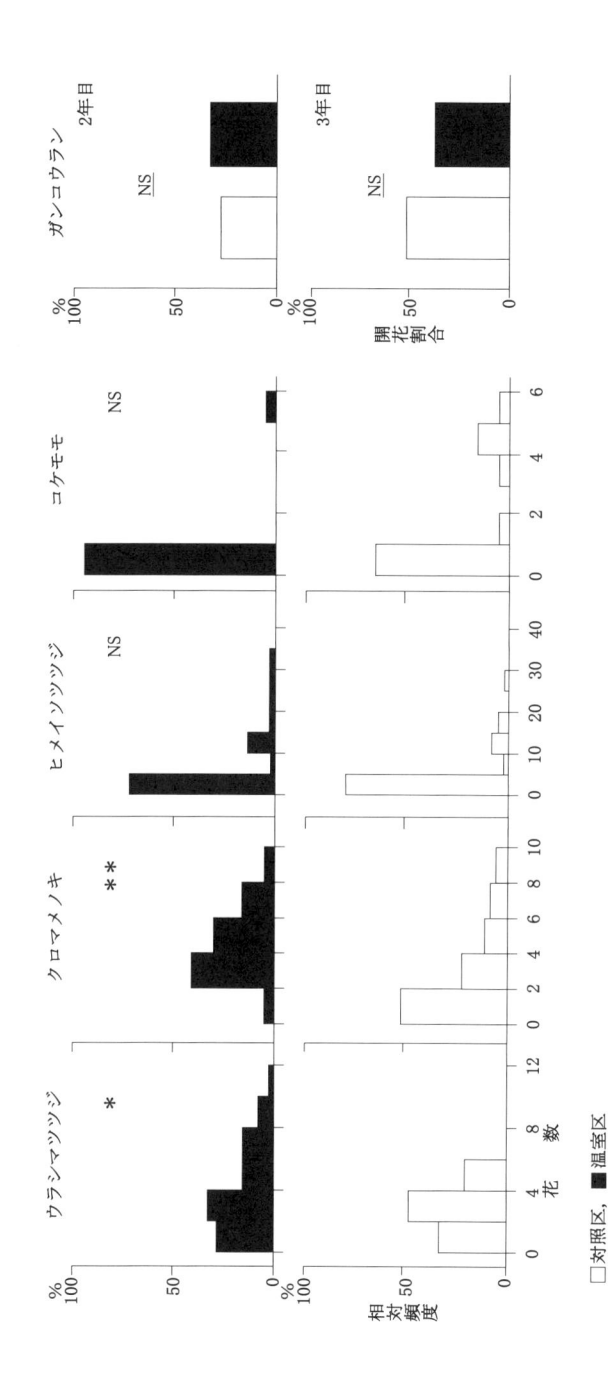

図4 繁殖への投資（Suzuki and Kudo, 2000 を一部改変）。ウラシマツツジ・クロマメノキ・ヒメイソツツジについてはマークした1本の枝から開放型温室設置後の3年間に生産された花数を，コケモモについては実験2年目と3年目の2年間に生産された花数を，ガンコウランについては実験2年目と3年目のそれぞれの年でマークした枝が開花した割合を温室区と対照区で示した。開花数については Wilcoxon の符号順位検定，開花割合についてはG検定による。*P<0.05, **P<0.01, NS：有意差なし

験ではウラシマツツジとクロマメノキは温室内で繁殖努力が増加したにもかかわらず，繁殖成功（ここでは成熟果実数）ではいちじるしい増加はみられなかった。このことは恐らく花粉制限のためではないだろうか。花粉媒介昆虫の活動は外気温に強く影響されるので温室内だけでの温度上昇は花粉媒介昆虫の活動性にほとんど影響を与えないのだろう。高山環境では開花時期の早い種の種子生産はしばしば花粉制限によって押さえられていると報告されている。これは生育シーズン初期で，まだ低温のために花粉媒介昆虫の数が少なく，その活動も活発でないためである（Kudo, 1993；および第8章を参照）。雪どけ後，葉を展開する前の生育シーズン初期に花を咲かせるウラシマツツジはとくに花粉制限が強いといえるだろう。

　大雪山での温室設置に対する植物の反応は落葉種と常緑種で資源配分が異なっていた。すなわち落葉種のウラシマツツジとクロマメノキは繁殖が栄養成長よりも促進されていた。一方，常緑種のヒメイソツツジ・コケモモ・ガンコウランでは繁殖の顕著な増加はみられないが，栄養成長が大きく促進されていた。このことが，この実験結果での大きな特徴である。ところで，ツンドラに生育する植物に関して全生物体量に対する地下部生物体量の割合は，常緑種よりも落葉種で大きいと報告されている（Tyler et al., 1973; Shaver and Kummerow, 1992）。このことからウラシマツツジとクロマメノキの落葉種は光合成産物をより多く地下部へ投資しているのかもしれない。

　温室設置によりフェノロジーと個葉特性は変化した。しかし，その反応の敏感さは種によって異なっていた。もっともいちじるしい特徴はすべての種で個葉の寿命が増加したことである。このことは光合成にとって重要な受光量の大きな増加につながっており，それゆえ雪どけから生育シーズン終了までの光合成による炭素獲得量の増加に大きく寄与していると考えられる。ここでは光合成速度を直接測定していないが，3年間の生産葉重と枝伸長量の増加，または生産花数の増加は温室内において植物の炭素獲得量が増加したことを示しているに違いない。

　温帯高山は周北極植物の分布の南限付近にあたる。これらの植物が南へ進出するのを大きく制約しているのはより高い生育温度であるとは考えられない。この温室実験により，これらの植物種は枯死することなくむしろ成長ま

たは繁殖に良好な状態が現われたことがその理由である。この研究ではフェノロジーや個葉特性と温度とのあいだの明瞭な関係をつかむことができなかったが，葉の寿命がすべての種で一貫して増加していることがわかった。このことから光合成可能期間は温帯高山における植物の成長や繁殖に影響を与える1つの重要な要因なのであろう。

5. 環境変化への予想

　環境傾度にそった種の分布は潜在的にそれぞれの種の生理的特性を反映したものだろう。より大きな生理的耐性をもった，またはより大きな生理的特性の変異をもった種はより広範な環境条件に分布できるだろう。このように植物の潜在的な分布範囲は環境変化に対する各々の種の生理的反応によって強く決定されていると考えられる。しかし実現している分布は各々の種の生理的特性だけでなく，種間の相互作用によって生じた生態的反応の結果に大きく依存している(Mueller-Dombois and Ellenberg, 1974)。たとえば資源をめぐる競争なども種間の相互作用の1つととらえることができる。

　地球温暖化は，温度の上昇が注目されているが，それだけでなく植物の生育期間も増加するだろう(ただし，地球温暖化にともなってさまざまな環境要因が変化する可能性があり，たとえば降水量，とくに冬の積雪量が増加した場合は生育期間は短くなることも考えられる)。今まで述べてきた3年間の結果からより長い時間スケールの高山植生の変化を予想してみる。そこで前に述べた栄養成長と繁殖をもう一度考えてみることにする。結実した種子は，そのいくつかがやがて芽をだすが，その後どれだけの割合の種子が大きな個体となっていくのだろうか。このことを正確に知るためにはもっと長い年月をかけて継続観察する必要がある。ここではとりあえず，ある面積にどれだけの実生が定着しているかを調べた。この調査地におけるウラシマツツジ，クロマメノキ，地衣類が優先するそれぞれの場所と裸地での実生の密度は，$1\,m^2$ あたり 0.48，0.96，0.16，4.62 であった。実生とは正確には種子植物の種子から発芽した幼植物，多くは子葉または第一葉を残存している期間をさすが，ここでは葉を数枚程度もつ小さな個体も含めた。これらがさら

に成長して大きな個体になっていく過程にはいろいろな死亡要因が存在し，多くの個体が死んでいくだろう。このように種子が生産され，その実生が定着し，植被を拡大するにはかなりの時間が必要である。毎年多くの種子が散布されているだろうが，この調査地での実生の定着はひじょうにわずかであった。このような実生定着の困難な場所では，環境変化による栄養成長への促進がいちじるしい種は植被の発達に有利であると考えられる。それゆえ常緑矮生低木は落葉矮生低木と比較してその植被拡大のスピードが速いために，徐々に優占度が増加していくと考えられる。次に常緑種の密度の増加にともなって植生の階層が発達すると思われる。たとえばヒメイソツツジとガンコウランは上方に伸長する傾向があるのに対し，コケモモは側方に伸長する傾向があるからだ。それゆえ光に対する競争はより厳しくなるだろう。このような状況での競争能力の差が次の段階において，それぞれの種の優占度に大きくかかわってくるだろう。

　ツンドラでの9年間にもおよぶ温室実験によると，温度上昇による効果として植物が利用できる養分量が増加したと述べられている。そして，よりいっそう優占的になる種と減少していく種とに分かれ，種の多様性が減少したと報告されている (Chapin et al., 1995)。これも資源をめぐる種間競争の表われととらえることができるだろう。北極域のそのほかの調査地でも温度の上昇は植物が利用できる土壌栄養塩量にも影響を与えるという報告があるので，長期的には温度が与える土壌環境などへの間接的な影響も考慮にいれる必要があるだろう。

引用・参考文献

[高山植物のたどった道]

Adachi, J. and Hasegawa, M. 1996. MOLPHY: Programs for Molecular Phylogenetics, ver. 2.3β3. Institute of Statistical Mathematiecs, Tokyo.

Fujii, N., Ueda, K., Watano, Y. and Shimizu, T. 1995. Intraspecific sequence variation in chloroplast DNA of *Primula cuneifolia* Ledeb. J. Phytogeogr. Taxon, 43: 15-24.

Fujii, N., Ueda, K. and Shimizu, T. 1996. Intraspecific sequence variation of chloroplast DNA in Japanese alpine plants. J. Phytogeogr. Taxon., 44: 72-81.

Fujii, N., Ueda, K., Watano, Y. and Shimizu, T. 1997. Intraspecific sequence variation in chloroplast DNA in *Pedicularis chamissonis* Steven (Scrophulariaceae) and geographic structuring of the Japanese "alpine" plants. J. Plant Res., 110: 195-207.

Fujii, N., Ueda, K., Watano, Y. and Shimizu, T. 1999. Further analysis of intraspecific sequence variation of chloroplast DNA in *Primula cuneifolia* Ledeb. (Primulaceaae): Implications for biogeography of the Japanese alpine flora. J. Pl. Res., 112: 87-95.

堀田満．1974．植物の分布と分化．400 pp．三省堂．

Kita, Y., Ueda, K. and Kadota, Y. 1995. Molecular phylogeny and evolution of the Asian *Aconitum* subgenus *Aconitum* (Ranunculaceae). J. Plant Res., 108: 429-442.

北村四郎・村田源．1961．原色日本植物図鑑草本編[II]・離弁花類．390 pp．保育社．

小泉源一．1919．日本高山植物区系の由来及区系地理．植物学雑誌，33：193-222．

大井次三郎．1953．日本植物誌．1383 pp．至文堂．

大井次三郎．1978．日本植物誌 改訂新版．1560 pp．至文堂．

清水建美．1982．原色新日本高山植物図鑑 I．331 pp．保育社．

Swofford, D. L. 1993. PAUP: Phylogenetic Analysis Using Parsimony, ver. 3.1.1. The Illinois Natural History Survey. Champaign.

Taberlet, P., Gielly, L., Pautou, G. and Bouvet, J. 1991. Universal primers for amplification of three non-coding regions of chloroplast DNA. Pl. Mol. Bio., 17: 1105-1109.

Tani, N., Tomaru, N., Araki, M. and Ohba, K. 1996. Genetic diversity and differentiation in populations of Japanese stone pine (*Pinus pumila*) in Japan. Can. J. For. Res., 26: 1454-1462.

Thompson, J. D., Higgins, D. G. and Gibson, T. J. 1996. ClustalW version 1.7. EMBL. Heidelberg.

塚田松雄．1967．過去一万二千年間：日本の植生変遷史 I．Bot. Mag. Tokyo, 80: 323-336．

山崎敬．1982．日本のゴマノハグサ科植物数種の学名変更．植物研究雑誌，57：212-215．

山崎敬．1987．新変種レブンシオガマ．植物研究雑誌，64：54．

Yamazaki, T. 1993. *Pedicularis*. In "Flora of Japan, vol. 3a" (eds. Iwatsuki, K., Yamazaki, T., Boufford, D. E. and Ohba, H.)., pp.364-371. Kodansha. Tokyo.

[極地植物と高山植物の類縁関係]

Aleksandrova, V. D. 1988. Vegetation of the Soviet Polar Deserts (translated by Löve, D.). 228pp. Cambridge University Press. Cambridge.

Chernov, Yu. I. 1985. The Living Tundra (translated by Löve, D.). 213pp. Cambridge University Press. Cambridge.
Egorova, A. A., Vasilyeva, I. I., Stepanova, N. A. and Fesiko, N. N. 1991. Flora of Tundra Zone in Yakutia. 184pp. Yakutsk. (in Russian).
藤井紀行．1997．日本産高山植物の分子系統地理学的研究．日本生物地理学会会報，52 (2)：59-69．
Hultén, E. 1968. Flora of Alaska and Neighboring Territories. 1008pp. Stanford University Press. Stanford.
Hultén, E. and Fries, M. 1986. Atlas of North Euoropean Vascular Plants, I-III. 1172pp. Koeltz Scientific Books. Königstein.
小泉源一．1919．日本高山植物区系の由来及び区系地理．植物学雑誌，33：193-222．
大場秀章．1987．イワベンケイ属の生物地理．植物分類地理，38：211-223．
Ohba, H. 1988. The alpine flora of the Nepal Himalayas: an introductory note. In "The Himalayan Plants Volume 1" (eds. Ohba, H. and Malla, S. B.), pp.19-46. Tokyo University Press. Tokyo.
清水建美．1982-1983．原色新日本高山植物図鑑(I), (II). 331 pp., 395 pp. 保育社．
高橋英樹．1994．ヤクート(サハ)の植物地理．日本植物分類学会報，10(1)：21-33．
Takahashi, H., Barkalov, V. Y., Gage, S. and Zhuravlev, Y. N. 1997. A preliminary study of the flora of Chirpoi, Kuril Islands. Acta Phytotax. Geobot., 48(1): 31-42.
Weber, W. A. 1967. Rocky Mountain Flora. 437pp. University of Colorado Press. Boulder.

[ハイマツ帯の生態地理]

Aleksandorova, V. D. 1980. The Arctic and Antarctic: Their division into Geobotanical Areas. (translated by Löve, D.). 247pp. Cambridge University Press. Cambridge.
Conrad, V. 1946. Useful formulas of continentality and their limits of validity. Trans. Amer. Geophy. Union, 27: 663-664.
Hämet-Ahti, L. 1981. The boreal zone and its biotic subdivision. Fennica, 159: 69-75.
Holdridge, L. R. 1959. Simple method for determining potensial evapotranspiration from temperature data. Science, 130: 572.
Hultén, E. 1933. Studies on the origin and distribution of the flora in the Kurile islands. Botaniska Notiser, 1933: 325-345.
Hultén, E. 1937. Outline of the history of arctic and boreal biota during the Quarternary Period. 165pp. Bokforlags Aktiebolaget Thule. Stockholm.
沖津進．1984．ハイマツ群落の生態と日本の高山帯の位置づけ．地理学評論，57：791-802．
沖津進．1987．ハイマツ帯．北海道の植生(伊藤浩司編), pp.129-167．北海道大学図書刊行会．
沖津進．1996．カムチャツカ半島中部ダリナヤ-プロスカヤ山の森林限界付近に分布する高山ツンドラ植生．植物地理・分類研究，44：53-62．
沖津進．1998．北千島パラムシル島, シュムシュ島の植生景観．1997年度日本生態学会関東地区大会講演要旨集：14．
佐藤謙．1998．北海道の高山-寒地植物の分布と保護．北海道の自然と生物，7：1-10．
高橋伸幸．1998．大雪山北部東斜面の森林限界高度における気温状況．地理学評論，71：

588-599.

Tatewaki, M. 1957. Geobotanical studies on the Kurile islands. Acta Horti Gotoburgensis, 21: 43-123.

Tatewaki, M. and Kobayashi, Y. 1934. A contribution to the flora of the Aleutian Islands. J. Fac. Agri. Hokkaido Imp. Univ., 36: 1-119.

Tuhkanen, S. 1984. A circumboreal system of climatic-phytogeographical regions. Acta. Botanica. Fennica., 127: 1-50.

[森林限界のなりたち]

Ewers, F. W. and Schmid, R. 1981. Longevity of needle fascicles of *Pinus longaeva* (Bristlecone Pine) and other North American pines. Oeclogia, 51: 107-115.

梶幹男．1982．亜高山帯針葉樹の生態地理学的研究—オオシラビソの分布パターンと温暖期気候の影響—．東大演報，72：31-120．

梶本卓也．1995．ハイマツの生態—とくに物質生産と更新過程について—．日生態会誌，45：57-72．

Maruta, E. 1996. Winter water relations of timberline larch (*Larix leptolepis*) on Mt. Fuji. Trees, 11: 119-126.

丸田恵美子．1996．森林の成立をはばむ高山環境．自然環境とエコロジー（高木勇夫・丸田恵美子共著），pp.90-97．日科技連出版社．

丸田恵美子・中野隆志．1999．中部山岳地域の亜高山帯針葉樹と環境ストレス．日生態会誌，3：293-300．

大沢雅彦．1993．東アジアの植生と気候．科学，63：664-672．

岡秀一．1991．わが国山岳地域における森林限界高度の規定要因について．地学雑誌，100：673-696．

岡秀一．1992．富士山西斜面における樹木限界の群落構造とその動態．地理学評論，65：587-602．

沖津進．1984．ハイマツ群落の生態と日本の高山帯の位置づけ．地理学評論，57：791-802．

沖津進．1985．北海道におけるハイマツ帯の成立過程からみた植生帯構成について．日生態会誌，35：113-121．

沖津進．1991．ハイマツ群落の現在の分布と生長からみた最終氷期における日本列島のハイマツ帯．第四紀研究，30：281-290．

Tranquillini, W. 1979. Physiological ecology of the alpine timberline. 137pp. Springer-Verlag. Berlin.

[高山植物群落と立地環境]

会田民穂．1997．大雪山・高根ヶ原の風衝砂礫地におけるしっぽ状植生．52 pp．北海道大学修士論文．

Fisher, F. J. F. 1952. Observations on the vegetation of screes in Canterbury, New Zealand. J. Ecol., 40: 156-167.

福田正己・木下誠一．1974．大雪山の永久凍土と気候環境（大雪山の事例とシベリア・アラスカ・カナダとの比較を中心としての若干の考察）．第四紀研究，12：192-202．

Fukuda, M. and Sone, T. 1992. Some characteristics of alpine permafrost, Mt. Daisetsu, central Hokkaido, northern Japan. Geografiska Annaler, 74A(2-3): 159-167.

藤井理行・樋口敬二．1972．富士山の永久凍土．雪氷，34：173-186．
Haeberli, W. 1973. Die Basis-Temperatur der winterlichen Schneedecke als möglicher Indikator für die Verreitung von Permafrost in den Alpen. Zeitschrift für Gletscherkunde und Glazialgeologie, 9: 221-227.
Ishikawa, M. and Hirakawa, K. 2000. Mountain permafrost distribution based on BTS measurements and DC resistivity soundings in the Daisetsu Mountains, Hokkaido, Japan. Permafrost and Periglacial Processes, 11. (in press).
伊藤浩司．1984．高山の群落生態．寒冷地域の自然環境（福田正己・小疇尚・野上道男編），pp.143-160．北海道大学図書刊行会．
Iwata, S. 1983. Physiographic conditions for the rubble slope formation on Mt. Shiroumadake, the Japan Alps. Geog. Rep. Tokyo Metro. Univ., 18: 1-51.
岩田修二．1997．山とつきあう．136 pp．岩波書店．
岩田修二・相馬秀広．1982．高山での岩屑の移動と斜面形．地理，27(4)：21-28．
小泉武栄．1974．木曽駒ヶ岳高山帯の自然景観—とくに植生と構造土について—．日生態会誌，24：78-91．
小泉武栄．1979 a．高山の寒冷気候下における岩屑の生産・移動と植物群落 I．白馬山系北部の高山荒原植物群落．日生態会誌，29：71-81．
小泉武栄．1979 b．高山の寒冷気候下における岩屑の生産・移動と植物群落 II．北アルプス北部鉢ヶ岳付近における蛇紋岩強風地の植物群落．日生態会誌，29：281-287．
小泉武栄．1980．高山の寒冷気候下における岩屑の生産・移動と植物群落 III．北アルプス北部鉢ヶ岳付近部の花崗斑岩地及び古生界砂岩・頁岩地の風衝植物群落．日生態会誌，30：173-181．
小泉武栄．1982．高山の寒冷気候下における岩屑の生産・移動と植物群落 V．乗鞍火山の高山植生．東京学芸大学紀要 第3部門，34：73-88．
Koizumi, T. 1983. Alpine plant community complex on permafrost areas of the Daisetsu Mountains, central Hokkaido, Japan. Proc. 4th Int. Conf. Permafrost: 634-638.
小泉武栄．1984．日本の高山帯の自然地理的特性．寒冷地域の自然環境（福田正己・小疇尚・野上道男編），pp.161-181．北海道大学図書刊行会．
小泉武栄．1993．日本の山はなぜ美しい．228 pp．古今書院．
小泉武栄・新庄久志．1983．大雪山永久凍土地域の植物群落．日生態会誌，33：357-363．
増沢武弘．1997．高山植物の生態学．220 pp．東京大学出版会．
Matsuoka, N. 1994. Continuous recording of frost heave and creep on a Japanese alpine slope. Arc. Alp. Res., 26: 245-254.
Matsuoka, N. 1996. Soil moisture variability in relation to diurnal frost heaving on Japanese high mountain slope. Perm. Perig. Proc., 7: 139-151.
Matsuoka, N. and Moriwaki, K. 1992. Frost heave and creep in the Sφr Rondane Mountains, Antarctica. Arc. Alp. Res., 24: 271-280.
Matsuoka, N., Hirakawa, K., Watanabe, T. and Moriwaki, K. 1997. Monitoring of periglacial slope processes in Swiss Alps: the first two years of frost shattering, heave and creep. Perm. Perig. Proc., 8: 155-177.
Matsuoka, N., Hirakawa, K., Watanabe, T., Haeberli, W. and Keller, F. 1998. The role of diurnal, annual and millennial freeze-thaw cycles in controlling alpine slope instabillity. Proc. 7th Int. Conf. Permafrost: 711-717.
Matsumoto, H., Kurashige, Y. and Hirakawa, K. 2000. Soil moisture condition during

thawing season on a periglacial slope in Daisetsu Mountains, Hokkaido, Japan. Perm. Perig. Proc. (in press).

水野一晴．1986．大雪山南部，トムラウシ山周辺の溶岩台地上における高山植物群落の立地条件．地理学評論，59 A：449-469．

水野一晴．1990．北アルプスのカールにおける高山植物群落の分布と環境要因の関係．地理学評論，63 A：127-153．

Mizuno, K. 1991. Alpine vegetatin pattern in relation to environmental factors in Japanese high mountains. Geog. Rep. Tokyo Metro. Univ., 26: 167-218.

水野一晴．1999．高山植物と「お花畑」の科学，145 pp．古今書院．

沖津進・伊藤浩司．1983．ハイマツ群落の動生態学的研究．北大環境科学研究紀要，6：151-184．

澤口晋一．1995．スピッツベルゲンの周氷河性岩屑斜面における斜面物質の移動速度とプロセス．地学雑誌，104：874-894．

澤口晋一・小疇尚．1998．北上山地山稜部における斜面物質移動と凍上に関する野外実験．地形，19：221-242．

助野実樹男．1997．中央アルプス・千畳敷カールの植生景観と環境要因．奈良大地理，3：64-69．

中條広義．1993．木曽御嶽山高山帯における表面礫の移動と植生―ミヤマタネツケバナ群落の成立要因について．日本生態学会誌，33：461-472．

渡辺悌二．1986．立山連峰，内蔵助カールの植生景観と環境要因．地理学評論，59 A：404-425．

Yamada, S. and Kurashige, Y. 1996. Improvement of strain probe method for soil creep measurement. Trans. Jap. Geom. Union, 17: 29-38.

[ハイマツ群落の成立と立地環境]

林田光祐．1989．北海道アポイ岳におけるキタゴヨウの種子散布と更新様式．北海道大学演習林研報，46：177-190．

池田重人・大丸裕武．1994．多雪山地亜高山帯の植生分布と土壌凍結．第 41 回日本生態学会大会講演要旨：79．

Kajimoto, T. 1992. Dynamics and dry matter production of belowground woody organs of *Pinus pumila* trees growing on the Kiso mountain range in central Japan. Ecol. Res., 7: 333-339.

Kajimoto, T. 1993. Shoot dynamics of *Pinus pumila* in relation to altitudinal and wind exposure gradients on the Kiso mountain range, central Japan. Tree Physiology, 13: 41-53.

梶本卓也．1995．ハイマツの生態―とくに物質生産と更新過程について―．日生態会誌，45：57-52．

Kajimoto, T., Onodera, H., Ikeda, S., Daimaru, H. and Seki, T. 1998. Seedling establishment of subalpine stone pine *Pinus pumila* by nutcracker seed dispersal on Mt. Yumori, northern Japan. Arc. Alp. Res., 31: 408-418.

Khomentovsky, P. A. 1995. Ecology of Siberian dwarf pine (*Pinus pumila* Regel.) in Kamchatka (general survey). 223pp. Dalnauka, Vladivostok. (in Russia).

小泉武栄．1984．日本の高山帯の自然地理的特性．寒冷地域の自然環境(福田正巳・小疇尚・野上道男編)，pp.161-181．北海道大学図書刊行会．

Lanner, R. M. 1989. Biology, taxonomy, evolution, and geography of stone pines of the world. In "Proceedings of Symposium on Whitebark Pine Ecosystems: Ecology and Management of a High-mountain Resource" (eds. Schmidt, W. C. and McDonald, K. J.), pp.14-24. General Technical Report, INT-270, USDA Forest Service. Ogden.

Maruta, E., Nakano, T., Ishida, A., Iida, H. and Masuzawa, T. 1996. Water relations of *Pinus pumila* in the snow melting season at the alpine region of Mt. Tateyama. Proc. NIPR Symp. Polar Biol., 9: 335-342.

Mattes, H. 1982. Die Lebensgemeinschaft von Tannenhäher, *Nucifraga caryocatactes* (L) und Arve, *Pinus cembra* L., und ihre forstliche Bedeutung in der oberen Gebirgswaldstufe. 74pp. Swiss Federal Institute of Forestry Research. Birmensdorf.

Mirov, N. T. 1967. The genus Pinus. 602pp. Ronald Press. New York.

沖津進．1991．ハイマツ群落の現在の分布と生長からみた最終氷期における日本列島のハイマツ帯．第四紀研究，30：281-290．

斎藤新一郎．1983．ハイマツ種子の発芽と動物による隠匿貯蔵との関係について．知床博物館研究報告，5：23-40．

酒井昭．1982．植物の耐凍性と寒冷適応．469 pp．学会出版センター．

Sano, Y., Matano, T. and Ujihara, A. 1977. Growth of *Pinus pumila* and climate fluctuation in Japan. Nature, 266: 159-161.

Tomback, D. F., Sund, S. K. and Hoffmann, L. A. 1993. Postfire regeneration of *Pinus albicaulis* height-age relationships, age structure, and microsite characteristics. Can. J. For. Res., 23: 113-119.

Tranquillini, W. 1979. Physiological ecology of the alpine timberline. 137pp. Springer-Verlag. Berlin.

吉野正敏．1984．グローバルスケールでみた寒冷地域．寒冷地域の自然環境（福田正巳・小疇尚・野上道男編），pp.1-17．北海道大学図書刊行会．

［熱帯高山の植生分布を規定する環境要因］

Benedict, J. B. 1970. Downslope soil movement in a Colorado alpine region: Rates, processes and climatic Significance. Arc. Alp. Res., 2: 165-226.

Broecker, W. S. and Denton, G. H. 1990. What drives glacial cycles? Sci. Amer., 1990: 43-50.

Charnley, F. E. 1959. Some observations on the glaciers of Mount Kenya. J. Glac., 3: 483-492.

Coe, M. J. 1967. The Ecology of the Alpine Zone of Mt. Kenya. 136pp. Junk. Hague.

Dansgaard, W., Johnson, S. J., Reeh, N., Gundestrup, N., Clausen, H. B. and Hammer, C. U. 1975. Climatic changes, Norsenman and modern man. Nature, 255: 24-28.

Hastenrath, S. 1983. Diurnal thermal forcing and hydrological response of Lewis Glacier, Mount Kenya. Archiv fur Meteorologie Geophysik und Bioklimatologie. Ser. A, 32: 361-373.

Jordan, E. 1991. Die Gletscher der bolivianischen Anden. 365pp. + Supplement. Franz Steiner. Stuttgart.

Mahaney, W. C. 1989. Quaternary glacial geology of Mount Kenya. In "Quaternary and Environmental Research on East African Mountains" (ed. Mahaney, W. C.), pp. 121-140. Balkema. Rotterdam.

Mahaney, W. C. and Spence, J. R. 1989. Lichenometry of neoglacial moraines in Lewis and Tyndall cirques on Mount Kenya, East Africa. Zeitschrift fur Gletscherkunde

und Glazialgeologie, 25: 175-186.
水野一晴．1994．ケニヤ山，Tyndall 氷河の後退過程と植生の遷移およびその立地条件．地学雑誌，103：16-29．
水野一晴．1995 a．ケニヤ山，Tyndall 氷河の後退過程と植生の遷移およびその立地条件．地学雑誌，104：604-608．
水野一晴．1995 b．キリマンジャロ，ケニヤ山．世界の山やま（岩田修二・小疇尚・小野有五編），pp.111-114．古今書院．
Mizuno, K. 1998. Succession processes of alpine vegetation in response to glacial fluctuations of Tyndall Glacier, Mt. Kenya, Kenya. Arc. Alp. Res., 30: 340-348.
水野一晴．1999．高山植物と「お花畑」の科学．145 pp．古今書院．
水野一晴・中村俊夫．1999．ケニヤ山，Tyndall 氷河における環境変遷と植生の遷移—Tyndall 氷河より 1997 年に発見されたヒョウの遺体の意義—．地学雑誌，108：18-30．
Newell, R. E., Kidson, J. W., Vincent D. G. and Boer G. J. 1972. The General Circulation of the Tropical Atmosphere and Interactions with Extra Tropical Latitudes. Vol. 1. 258pp. The Mit Press. Cambridge.
Spence, J. R. 1989. Plant succession on glacial deposits of Mount Kenya. In "Quaternary and Environmental Research on East African Mountains" (ed. Mahaney, W. C.), pp.279-290. Balkema. Rotterdam.
Spence, J. R. and Mahaney, W. C. 1988. Growth and ecology of *Rhizocarpon* section *Rhizocarpon* on Mount Kenya, East Africa. Arc. Alp. Res., 20: 237-242.
Washburn, A. L. 1973. Periglacial Processes and Environments. 320pp. Edward Arnold. London.
吉野正敏．1982．歴史時代における日本の気候．気象，26：11-15．

［高山植物の開花フェノロジーと結実成功］
Galen, C. and Stanton. M. L. 1991. Consequences of emergence phenology for reproductive success in *Ranunculus adoneus* (Ranunculaceae). Amer. J. Bot., 78: 978-988.
Heinrich, B. 1975. Bee flowers: a hypothesis on flower variety and blooming times. Evolution, 29: 325-334.
Helenurm, K. and Barrett, S. C. H. 1987. The reproductive biology of boreal forest herbs. II. Phenology of flowering and fruiting. Can. J. Bot., 65: 2047-2056.
Inouye, D. W. and McGuire, A. D. 1991. Effects of snowpack on timing and abundance of flowering in *Delphinium nelsonii* (Ranunculaceae): implications for climate change. Amer. J. Bot., 78: 997-1001.
Kudo, G. 1992. Pre-flowering and fruiting periods of alpine plants inhabiting a snowbed. 植物地理・分類研究，40：99-106．
Kudo, G. 1993. Relationship between flowering time and fruit set of the entomophilous alpine shrub, *Rhododendron aureum* (Ericaceae), inhabiting snow patches. Amer. J. Bot., 80: 1300-1304.
Kudo, G. and Suzuki, S. 1999. Flowering phenology of alpine plant communities along a gradient of snowmelt timing. Polar Bioscience, 12: 100-113.
Molau, U. 1993. Relationships between flowering phenology and life history strategies in tundra plants. Arc. Alp. Res., 25: 391-402.
Pleasants, J. M. 1980. Competition for bumblebee pollinators in Rocky Mountain plant

communities. Ecology, 61: 1446-1459.

Spira, T. P. and Pollack, O. D. 1986. Comparative reproductive biology of alpine biennial and perennial gentians (*Gentiana*: Gentianaceae) in California. Amer. J. Bot., 73: 39-47.

Stenström, M. and Molau, U. 1992. Reproductive ecology of *Saxifraga oppositifolia*: phenology, mating system, and reproductive success. Arc. Alp. Res., 24: 337-343.

Totland, O. 1993. Pollination in alpine Norway: flowering phenology, insect visitirs, and visitation rates in two plant communities. Can. J. Bot., 71: 1072-1079.

Totland, O. 1994. Intraseasonal variation in pollination intensity and seed set in an alpine population of *Ranunculus acris* in southwestern Norway. Ecography, 17: 159-165.

Williams, J. B. and Batzli, G. O. 1982. Pollination and dispersion of five species of lousewort (*Pedicularis*) near Atkasook, Alaska, U.S.A. Arc. Alp. Res., 14: 59-74.

Yumoto, T. 1986. The ecological pollination syndromes of insect-pollinated plants in an alpine meadow. Ecol. Res., 1: 83-95.

[高山植物の発芽と定着]

Adachi, N., Terashima, I. and Takahashi, M. 1996. Central die-back of monoclonal stands of *Reynoutria japonica* in an early stage of primary succession on Mount Fuji. Ann. Bot., 77: 477-486.

Chambers, J. C., MacMahon, J. A. and Haefner, J. H. 1991. Seed entrapment in alpine ecosystems: effects of soil particle size and diaspore morphology. Ecology, 72(5): 1668-1677.

木部剛. 1996. 富士山高山帯に出現するコタヌキラン(*Carex doenitzii*)個体群の種子繁殖過程の研究. 118 pp. 総合研究大学院大学博士論文.

Kibe, T. and Masuzawa, T. 1994. Seed germination and seedling growth of *Carex doenitzii* growing on alpine zone of Mt. Fuji. J. Pl. Res., 107: 23-27.

Mariko, S., Koizumi, H., Suzuki, J. and Furukawa, A. 1993. Altitudinal variations in germination and growth responses of *Reynoutria japonica* populations on Mt. Fuji to a controlled thermal environment. Ecol. Res., 8: 27-34.

Maruta, E. 1976. Seedling establishment of *Polygonum cuspidatum* on Mt. Fuji. Jap. J. Ecol., 26: 101-105.

Maruta, E. 1994. Seedling establishment of *Polygonum cuspidatum* and *Polygonum weyrichii* var. *alpinum* at high altitudes of Mt. Fuji. Ecol. Res., 9: 205-213.

Maruta, E. and Saeki, T. 1976. Transpiration and leaf temperature of *Polygonum cuspidatum* on Mt. Fuji. Jap. J. Ecol., 26: 25-35.

Masuzawa, T. and Suzuki, J. 1991. Structure and succession of alpine perennial community (*Polygonum cuspidatum*) on Mt. Fuji. Proc. NIPR Symp. Polar Biol., 4: 155-160.

McGraw, J. B., Vavrek, M. C. and Bennington, C. C. 1991. Ecological genetic variation in seed banks I. Establishment of a time transect. J. Ecol., 79: 617-625.

Nishitani, S. and Masuzawa, T. 1996. Germination characteristics of two species of *Polygonum* in relation to their altitudinal distribution on Mt. Fuji, Japan. Arc. Alp. Res., 28(1): 104-110.

Yura, H. 1988. Comparative ecophysiology of *Larix kaempferi* (Lamb.) Carr. and *Abies veitchii* Lindl. 1. Seedling establishment on bare ground on Mt. Fuji. Ecol. Res., 3: 67-73.

Yura, H. 1989. Comparative ecophysiology of *Larix kaempferi* (Lamb.) Carr. and *Abies veitchii* Lindl. II. Mechanisms of higher drought resistance of seedling of *L. kaempferi* as compared with *A. veitchii*. Ecol. Res., 4: 351-360.

[ツンドラ植物の種子繁殖と栄養繁殖]

Aydelotte, A. R. and Diggle, P. K. 1997. Analysis of developmental preformation in the alpine herb *Caltha leptosepala* (Ranunculaceae). Amer. J. Bot., 84: 1646-1657.

Bauert, M. R. 1993. Vivipary in *Polygonum viviparum*: an adaptation to cold climate? Nord. J. Bot., 13: 473-480.

Bauert, M. R. 1996. Genetic diversity and ecotypic differentiation in arctic and alpine populations of *Polygonum viviparum*. Arct. Alp. Res., 28: 190-195.

Bell, K. L. and Bliss, L. C. 1980. Plant reproduction in a high arctic environment. Arct. Alp. Res., 12: 1-10.

Bliss, L. C. 1971. Arctic and alpine plant life cycles. Annu. Rev. Ecol. Syst., 2: 405-438.

Brochmann, C. 1992. Pollen and seed morphology of Nordic *Draba* (Brassicaceae): phylogenetic and ecological implications. Nord. J. Bot., 12: 657-673.

Brochmann, C. 1993. Reproductive strategies of diploid and polyploid populations of arctic *Draba* (Brassicaceae). Pl. Syst. Evol., 185: 55-83.

Brochmann, C. and Elven, R. 1992. Ecological and genetic consequences of polyploidy in arctic *Draba* (Brassicaceae). Evol. Trends Pl., 6: 111-124.

Brochmann, C., Soltis, D. E. and Soltis, P. S. 1992. Electrophoretic relationships and phylogeny of Nordic polyploids in *Draba* (Brassicaceae). Pl. Syst. Evol., 182: 35-70.

Callaghan, T. V., Jonasson, S. and Brooker, R. W. 1997. Arctic clonal plants and global change. In "The ecology and evolution of clonal plants" (eds. de Kroon, H. and van Groenendael, J. M.) pp.381-403. Backhuys Publishers. Leiden.

Crawford, R. M. M. 1989. Studies in plant survival. 296 pp. Blackwell Scientific Publications. Oxford.

Diggle, P. K. 1997. Extreme preformation in alpine *Polygonum viviparum*: an architectural and developmental analysis. Amer. J. Bot., 84: 154-169.

Douglas, D. 1981. The balance between vegetative and sexual reproduction of *Mimulus primuloides* (Scrophulariaceae) at different altitudes in California. J. Ecol., 69: 295-310.

Elven, R. and Elvebakk, A. 1996. Vascular plants. In "A catalogue of Svalbard plants, fungi, algae, and cyanobacteria" (eds. Elvebakk, A. and Prestrud, P.), pp.9-55. Norwegian Polar Institute. Oslo.

Elmqvist, T. and Cox, P. A. 1996. The evolution of vivipary in flowering plants. Oikos, 77: 3-9.

Geber, M. A., Watson, M. A. and de Kroon, H. 1997. Organ preformation, development, and resource allocation in perennials. In "Plant resource allocation" (eds. Bazzaz, F. A. and Grace, J.), pp.113-141. Academic Press. San Diego.

Grime, J. P. 1979. Plant strategies and vegetation processes. 222pp. John Wiley and Sons. Chester, UK.

Harmer, R. and Lee J. A. 1978a. The growth and nutrient content of *Festuca vivipara*

(L.) SM. plantlets. New Phytol., 80: 99-106.
Harmer, R. and Lee J. A. 1978b. The germination and viability of *Festuca vivipara* (L.) SM. plantlets. New Phytol., 81: 745-751.
Heide, O. M. 1989. Environmental control of flowering and viviparous proliferation in seminiferous and viviparous arctic populations of two *Poa* species. Arct. Alp. Res., 21: 305-315.
Jolls, C. L. 1980. Phenotypic patterns of variation in biomass allocation in *Sedum lanceolatum* Torr. at four elevational sites in the Front Range, Rocky Mountains, Colorado. Bull. Torrey Bot. Club, 107: 65-70.
Kawano, S. and Masuda, J. 1980. The productive and reproductive biology of flowering plants VII. Resource allocation and reproductive capacity in wild populations of *Helonopsis orientalis* (Thunb.) C. Tanaka (Liliaceae). Oecologia (Berl.), 45: 307-317.
工藤岳．1999．パラボラアンテナで熱を集める植物：太陽を追いかけるフクジュソウの花．花の自然史：美しさの進化学（大原雅編著），pp.216-226．北海道大学図書刊行会．
Laine, K., Malila, E. and Siuruainen, M. 1995. How is annual climatic variation reflected in the production of germinable seeds of arctic and alpine plants in The Northern Scandes? In "Ecosystem research report 10: Global change and arctic terrestrial ecosystems", pp.89-95. European Commission. Luxembourg.
Lee, J. A. and Harmer, R. 1980. Vivipary, a reproductive strategy in response to environmental stress? Oikos, 35: 254-265.
Molau, U. 1993. Relationships between flowering phenology and life history strategies in tundra plants. Arct. Alp. Res., 25: 391-402.
Mossberg, B., Stenberg, L. and Ericsson, S. 1995. Gyldendals store nordiske flora. 695pp. Gyldendal Norsk Forlag. Oslo.
Nishitani, S. and Kimura, M. 1993. Resource allocation to sexual and vegetative reproduction in a forest herb *Syneilesis palmata* (Compositae). Ecol. Res., 8: 173-183.
Nishitani, S., Takada, T. and Kachi, N. 1995. Optimal resource allocation to seeds and vegetative propagules in the understory herb *Syneilesis palmata* (Compositae). Plant Species Biol., 10: 127-135.
Reynolds, D. N. 1984a. Alpine annual plants: phenology, germination, photosynthesis, and growth of three Rocky Mountain species. Ecology, 65: 759-766.
Reynolds, D. N. 1984b. Populational dynamics of three annual species of alpine plants in the Rocky Mountains. Oecologia, 62: 250-255.
Sørensen, T. 1941. Temperature relations and phenology of the Northeast Greenland flowering plants. Meddelelser om Grønland, 125: 1-305.
van Groenendael, J. M., Klimeš, L., Klimešová, J. and Hendriks. R. J. J. 1996. Comparative ecology of clonal plants. Phil. Trans. R. Soc. Lond. B, 351: 1331-1339.

[北極域植物の生育型変異と生育環境]
Brysting A. K., Gabrielsen, T. M., Sørlibråten, O., Ytrehorn, O. and Brochmann, C. 1996. The Purple Saxifrage, *Saxifraga oppositifolia*, in Svalbard: two taxa or one? Polar Research, 15: 93-105.
Chapin III, F. S., Walker, L. R., Fastie, C. L. and Sharman, L. C. 1994. Mechanisms of primary succession following deglaciation at Glacier Bay, Alaska. Ecol. Monog., 64: 149-175.

Crawford, R. M. M., Chapman, H. M., Abbott, R. J. and Balfour, J. 1993. Potential impact of climatic warming on Arctic vegetation. Flora, 188: 367-381.
Kume, A., Nakatsubo, T., Bekku Y. and Masuzawa, T. 1999. Ecological significance of different growth forms of Purple Saxifrage, *Saxifraga oppositifolia* L., in the high arctic, Ny-Ålesund, Svalbard. Arc. Ant. Alp. Res., 31: 27-33.
McGraw J. B. 1995. Patterns Causes of Genetic Diversity in Arctic Plants. In "Arctic and Alpine Biodiversity: Patterns, Causes, and Ecosystem consequences" (eds. Chapin, III S. and Körner, C.), pp.33-43. Ecological Studies vol. 113. Springer-Verlag. Berlin.
McGraw, J. B. and Antonovics, J. 1983. Experimental ecology of *Dryas octopetala* ecotypes. I. Ecotypic differentiation and life-cycle stages of selection. J. Ecol., 70: 879-897.
Nakatsubo, T. 1994. The effect of growth form on the evaporation in some subalpine mosses. Ecol. Res., 9: 245-250.
Stenström, M. and Molau, U. 1992. Reproductive ecology of *Saxifraga oppositifolia*: phenology, mating system, and reproductive success. Arc. Alp. Res., 24: 337-343.
Teeri, J. A. 1972. Microenvironmental adaptations of local populations of *Saxifraga oppositifolia* in the high arctic. 216pp. PhD dissertation, Duke University. Durham, NC.
Wada, N. 1998. Sun-tracking flower movement and seed production of mountain avens, *Dryas octopetala* L. in the high arctic, Ny-Ålesund, Svalbard. Proc. NIPR Symp. Polar Bio., 11: 128-136.

[南アルプス高山帯におけるイワカガミ属2種のすみわけ現象]
大井次三郎．1983．新日本植物誌 顕花篇，pp.1134-1135．至文堂．
清水建美．1982．原色新日本高山植物図鑑(I)，pp.155-159．保育社．
宮脇昭編．1985．日本植生誌 6 中部．604 pp．至文堂．
山崎敬．1981．日本の野生植物草本Ⅲ 合弁花類(佐竹義輔・大井次三郎・北村四郎・亘理俊次・冨成忠夫編]，pp.1-2．平凡社．

[環境操作に対する高山植物の反応]
Chapin, F. S. I., Johnson, D. A. and McKendrick, J. D. 1980. Seasonal movement of nutrients in plants of differing growth form in an Alaskan tundra ecosystem: implications for herbivory. J. Ecol., 68: 189-209.
Chapin, F. S. III, Shaver, G. R., Giblin, A. E., Nadelhoffer, K. J. and Laundre, J. A. 1995. Responses of arctic tundra to experimental and observed changes in climate. Ecology, 76: 694-711.
Dikson, R. E. and Isebrands, J. G. 1991. Leaves as regulations of stress response. In "Response of plants to multiple stresses" (eds. Mooney, H. A., Winner, W. E., Pell, E. J. and Chu, E.), pp.3-34. Academic Press. San Diego.
Field, C. and Mooney, H. A. 1986. The photosynthesis-nitrogen relationship in wild plants. In "On the economy of plant form and function" (ed. Givnish, T.), pp.25-55. Cambridge University Press. Cambridge.
Havström, M., Callaghan, T. V. and Jonasson, S. 1993. Differential growth responese of Cassiope tetragona, an arctic dwarf-shrub, to environmental perturbations

among three contrasting high- and subarctic sites. Oikos, 66: 389-402.
Karlsson, P. S. 1985. Photosynthetic characteristics and leaf carbon economy of an and an evergreen dwarf shrub: *Vaccinium uliginosum* L. and *V. vitis-idaea* L. Holarct. Ecol., 8: 9-17.
Karlsson, P. S. 1994. The significance of internal nutrient cycling in branches for growth and reproduction of Rhododendron lapponicum. Oikos, 70: 191-200.
Kudo, G. 1992. Parformance and phenology of alpine herbs along a snow-melting gradient. Ecol. Res., 7: 297-304.
Kudo, G. 1993. Relationship between flowering time and fruit set of the entomophilous alpine shrubs, Rhododendron aureum (Ericaceae), inhabiting snow patches. Am. J. Bot., 80: 1300-1304.
Larcher, W. 1995. Physiological plant ecology: Ecology and stress physiology of functional groups. 506pp. springer-Verlag. Berlin.
Molau, U. 1993. Relationships between flowering phenology and life history strategies in tundra plants. Arc. Alp. Res., 25: 391-402.
Molau, U. 1997. Responses to natural climatic variaton and experimental warming in two tundra plant species with contrasting life forms: Cassiope tetragona and Ranunculus nivalis Glob. Change Biol., 3 (Suppl. 1): 97-107.
Mueller-Dombois, D. and Ellenberg, H. 1974. Aims and methods of vegetation ecology. 547pp. John Wiley & Sons. New York.
Reich, P. B., Walters, M. B. and Ellsworth, D. S. 1992. Leaf life-span in relation to leaf, plant, and stand characteristics among deverse ecosystems. Ecol. Monogr., 62: 365-392.
Shaver, G. R. 1983. Mineral nutrition and leaf longevity in Ledum palustre: the role of individual nutritions and the timing of leaf mortality. Oecologia, 56: 160-165.
Shaver, G. R. and Kummerow, J. 1992. Phenology, resource allocation, and growh of arctic vascular plants. In "Arctic ecosystem in a changing climate." (eds. Chapin, F. S. L., Jefferies, R. L., Reynolds, J. F., Shaver, G. R. and Svoboda, J.), pp.193-211. Academic Press. San Diego.
柴田治．1985．高地植物学．308 pp. 内田老鶴圃．
Suzuki, S. and Kudo, G. 1997. Short-term effects of simulated environmental change on phenology, leaf traits, and shoot growth of alpine plants on a temperate mountain, northern Japan. Glob. Change Biol., 3 (Suppl. 1): 108-115.
Suzuki, S. and Kudo, G. 2000. Responses of alpine shrubs to simulated environmental change during three years in the mid-latitude mountain, northern Japan. Ecography, 23: 553-564.
Tyler, G., Gullstrand, C., Holmquist, K. and Kjellstrand, A. 1973. Primary production and distribution of organic matter and metal elements in two heath ecosystems. J. Ecol., 61: 251-268.

索　引

【ア行】

アウトオッシュ性の扇状地　109
アオモリトドマツ林　90
亜寒帯　197
亜寒帯ツンドラ　39
秋田駒ヶ岳　95
アラスカ　42, 47
アリューシャン列島　4, 42
アルティプラノ　112
アレンの規則　34
アンデス　107
アンデス山系　99, 112
飯豊山　12, 15, 19
異質倍数体　148
イタドリ　136, 138, 140, 143
一次遷移　165
一年草　146
遺伝子間領域　8
遺伝子間領域の塩基配列　7
遺伝子流動　12
遺伝的距離　12
遺伝的多様性　156
移動経路　48
イヌナズナ属植物　148
イネ科　151
イネ科草本　106
イワカガミ　176
　ヒメ――　176
　ヤマ――　176
岩手山　87
永久凍土　70, 74〜76, 78, 81, 89
栄養塩　170
栄養生殖システム　126
栄養成長　200, 201

栄養繁殖　145, 181
エゾコザクラ　4, 17, 18
エゾヨツバシオガマ　5
枝伸長量　197
越冬　138
エベコ山　44
塩基置換　9
エンボリズム　62
オイミヤコン　87
大型木本性植物　104, 111
遅咲き種　123
お花畑　3, 78, 81
オホーツク海　40
温室区　192
温室効果ガス　189
"温室"植物　34, 35
温帯高山　190
オンタデ　136, 138
温暖化　78, 81, 82, 83, 99, 102
温度　190
温度・水分環境要因　67, 74
温度条件　74
温度的森林領域　39
温度要求性　121
温量指数　38, 53, 87

【カ行】

開花時期　194
開花時期と結実成功　125
開花時期の重なり　121, 129
開花時期の種内変異　127
開花パターン　119, 121
開花フェノロジー　119
開花フェノロジーと繁殖特性　125

索引

外群　7
塊状群落　143
崖錐　109
階層　202
開葉時期　193
海洋性気候　43
撹乱依存種　150
果実成熟期間　127
果実発育過程　198
花序原基　156
風　99, 100
火成岩　113
可塑性　158
活動層　90
月山　12, 15
花粉制限　200
花粉媒介(昆虫による)　165
花粉媒介昆虫　123, 198
花粉媒介者　128
花粉分析　13
カムチャツカ半島　41
カラフトゲンゲ　46
カラマツ　141
岩塊斜面　42
環境条件　110
環境要因　67, 76, 77, 78
ガンコウラン　42
乾生ステップ　24
乾生形態　34
乾燥ストレス　64
乾燥地型　175
寒帯　41, 197
寒地荒原　197
間氷期　13
灌木帯　84
気温減率　189
気温変化　100
キク科/ラン科種数比　24
気候地域区分　42
気候の大陸度－海洋度　40

気候変化　66
気候変動　102, 107
季節的凍土　70, 74, 76, 81, 90
季節変化気候　36
木曽駒ヶ岳　89, 108
北千島　44
キタヨツバシオガマ　5
キャッシュ　94
急激な気温の変化　189
強光ストレス　64
強光による損傷　63
競争　201, 202
競争種　150
強風　42
強風帯　100
極域　148
極荒原　30, 31, 163
極地－高山植物相　21
極地－高山ツンドラ　21
極地(周北極)植物　21
極地砂漠　30
極地性の矮生カバノキ類　41
極地ツンドラ　30
キョクヤナギ　173
キリマンジャロ　99, 111, 112
均衡線　112
グイマツ　41
グイマツ－ハイマツ　39
クチクラ蒸散　62
クチクラ層　62, 111
クチバシシオガマ　5
クッション型　166
"クッション"植物　34
クリュチェフスカヤ火山群　47
珪質頁岩　113
系統地理学　3
結実成功　127
結実率　172
ケニア山　99, 100, 101, 107, 111, 112
高温乾燥　140

索　引

高茎草原　118
光合成　169
光合成可能期間　201
光合成速度　194
高山荒原植生　72
高山草原　68
高山帯　3, 41
高山ツンドラ植生　43
更新世　13
降水量　194
構造土　114
後氷期　66
高木限界　54
高木性樹木　42
施肥処理　197
呼吸消費　169
コケ類　173
個体群密度　155
コタヌキラン　134, 141, 143
固着性地衣類　30
駒ヶ岳
　秋田——　95
　木曽——　89, 108
個葉特性　190
五葉マツ　84
コリマ川流域　41
コリマ丘陵　41
コリャーク丘陵　41
コルディレラ・リアル　112
昆虫による花粉媒介　165

【サ行】
最終氷(河)期　18, 32, 66
最節約法　9
最大光合成速度　194
最大積雪深　92
細粒物質　104
サハリン　13
山頂効果　60
散布　131

散布体　171
ジェット気流　100
ジェリフラクション　109, 111
シオガマ
　エゾヨツバ——　5
　キタヨツバ——　5
　クチバシ——　5
　ヨツバ——　7
　レブン——　5
紫外線　111
自家受粉　125, 126, 150
自家和合性　151
資源配分　200
湿潤性矮生低木　38
ジャイアントロゼット　111
シャノン-ウィーナー関数　23
周氷河作用　109, 114
周北極植物　21, 190, 200
種間の相互作用　201
受光量　103
種子　131
種子サイズ　134
種子生産　134
種子内の貯蔵物質　135
種子の大きさ　131, 136
種子の休眠　137
種子の形態　131
種子の寿命　133
種子の発芽時期　140
種子繁殖　145
種子繁殖のコスト　145
種組成　110
種内変異　17
　開花時期の——　127
種の多様性　202
種の優占度　190
受粉
　自家——　125, 126, 150
　他家——　126
受粉効率　123

寿命　194
樹木限界　3
順位相関係数　25, 26
証拠標本　8
ショウジョウバカマ　153
消雪時期　68, 69, 76, 99
条線土　114
常緑矮生低木　192
植生
　高山荒原——　72
　高山ツンドラ——　43
　雪田——　180
　低木性ヒース——　41
植生回復　82
植生景観　76
植被　202
植被率　106, 109, 113, 114
植物の分布　189
シラビソ　141
伸長量　88
針葉の寿命　64
森林限界　53
森林限界移行帯　39, 54
垂直分布　106, 107
水分条件　74
水分バランス　93
スカンジナビア半島　148
スカンジナビア半島西海岸　42
スコリア　140
スタノボイ　47
ステップ　32
ストレス耐性種　150
スバールバル諸島　148, 164
スプリッター　22
生育型　166
生育環境の温度　190
生育期間　121, 139, 146, 190, 201
生育ゼロ点　119
制限要因　197
生産葉乾重　197

生殖的隔離　17, 175
生態地理　37
成長　190
生物気温　39
生物季節学　119, 192
生物体量　200
生理の障害　112
生理的特性　201
石英斑岩　113
積算温度　141, 146
積算寒度　87
積雪　99, 108, 137
積雪環境要因　67
積雪深　68, 76, 81
"セーター" 植物　34, 35
雪渓　118
雪潤草原　118
雪線　3, 112
雪線高度　113
雪田　118
雪田型　175
雪田植生　180
雪田植物群落　37, 38, 68, 70, 118
節理　113
節理密度　113
セベロクリルスク　44
遷移　100, 103
先駆的植物　102, 103, 104
蘚苔類　103, 106
挿入/欠失　9
送粉昆虫　150
祖先ゲノム　13
ソリフラクション　108, 111, 114
ソリフラクションローブ　72, 73, 78

【タ行】
タイガ　87
耐寒性　130
対照区　192
堆積岩　113

堆積物の年代　109
大雪山系　117, 190
大平洋要素　17
大陸度　40
大陸度指数　40
他家受粉　126
ダケカンバ　41
多雪　42
多雪条件　43
タソック　111
タデ科　146
多肉的な葉　111
多年生　34
多様性指数　23, 24, 31
ダリナヤ‐プロスカヤ山　44
単系統　9
短日　152
炭素獲得　192
タンデトロン加速器質量分析計　102
断熱層　111
地衣類　103, 104, 106, 109, 173
地温　91, 108, 114
地球温暖化　106, 130, 189
地質・地形環境要因　67, 70
千島列島　13, 41
地生態学　76
窒素含有量　194
地表の安定性　109
地表の移動量　114
チャカルタヤ山　112, 113, 114
着花数　171
中央アジア高地回廊　28
中国・ヒマラヤ要素　29
中国大陸　13
チュコト　47
長距離散布　33
長日　152
朝鮮半島　13
チョウノスケソウ　173, 175
貯食散布　94

貯蔵物質　151
　種子内の——　135
直根　170
地理的情報システム　69
チンダル・モレーン　100, 101, 102, 104, 109
チンダル氷河　100, 101, 103, 106, 110
ツンドラ　32, 163, 190
低温　145
定着　131
低木性ヒース植生　41
凍害　130
凍結・融解　111
凍結融解作用　81, 100, 108, 114
凍上　96
凍土　111
　永久——　70, 74〜76, 78, 81, 89
　季節的——　70, 74, 76, 81, 90
独立峰　106, 107
土壌移動量　106
土壌乾燥　96
土壌深度　134
土壌水分　75, 82, 97
土壌水分ポテンシャル　141
土壌断面　104, 105
土壌凍結　90
土壌の移動量　109
土壌の粒径　132
土壌微細藻類　30
土石流扇状地　109
トリカブト　19

【ナ行】
南方系統　9, 10, 11
2回進入説　15
ニジニ・コリムスク　87
日変化気候　33, 36
年輪幅　88
乗鞍岳　87

【ハ行】

パイオニア植物　165
胚軸　135, 136
ハイマツ　19, 20, 84
ハイマツ群落　3, 37, 38, 39, 68, 91
ハイマツ帯　37, 38, 39, 60
ハエ・ハナアブ媒花　128
ハエ類　125
パーチ　94
発育限界温度　193
発育ゼロ点　193
発芽　131, 137
発芽(時)の温度要求性　137, 141
発芽の痕跡　134
発芽のタイミング　136, 137
発根能力　172
パッチ　76
ハナアブ類　125
葉の寿命　194
葉の生存率　194
葉の特性　194
ハプロタイプ　9, 10
早咲き種　123, 130
パラムシル島　44
繁殖　200, 201
繁殖成功　152, 198
繁殖投資量　190
繁殖努力　155, 198
東シベリア　39, 87
光合成　169
光合成可能期間　201
光合成速度　194
光発芽種子　134
非気温的条件　42
肥大成長量　89
被度　79
日平均気温　191
ヒメイワカガミ　176
ヒメカラマツ　46
ヒョウ　102

氷河　99, 100, 102, 105, 106, 109, 112
　チンダル――　100, 101, 103, 106, 110
　ブレッガー――　166
氷(河)期　3, 13, 175
氷河前進期　102
氷河の後退　99, 102, 104, 165
標高　139
風化　109
風衝地　70, 108, 117, 191
風衝地植物群落　70
風衝地草原　72
風衝矮生低木　37
風衝矮生低木群落　37, 38, 180
フェノロジー　119, 190, 192, 193
フェノロジーの調節　129
伏条更新　94
腐植　104
物質生産　157
不定根　94, 170
冬の積雪量　201
"古着"植物　35
ブレッガー氷河　166
プレフォーメーション　156
フロストクリープ　109, 111
フロラ　112
分布の南限　190, 200
ベーリング海　40
ベーリング海峡　47
ベーリンジア　26, 28
偏形化　60
変成岩　113
変動環境　147
訪花昆虫　128
訪花昆虫獲得競争　129
訪花昆虫の活性　127
訪花昆虫の季節性　125
放射性炭素(^{14}C)年代測定　102
北東アジアの植生水平分布　39
ホシガラス　94
北極圏　158

北方系統　　9, 10, 11
北方針葉樹林(タイガ)　　87
北方林　　39, 40
匍匐型　　166
ボリビア高原　　112

【マ行】
埋土種子　　133, 147
埋土種子集団　　133
マオウ科　　24
マルハナバチ　　123, 125
マルハナバチ媒花　　128
実生　　134, 201
実生定着　　97
実生の成長　　136, 143
実生の定着　　140
水利用効率　　169
ミヤマハンノキ　　41
むかご　　151, 164
ムカゴトラノオ　　46, 151
無降雨期間　　140
無融合種子形成　　148
ムラサキユキノシタ　　165
モレーン　　100, 106, 167

【ヤ行】
ヤブレガサ　　145
ヤマイワカガミ　　176
有効積算温度　　119, 121, 193
有性生殖　　156
有性繁殖　　164
融氷河堆積物　　109
"雪玉"植物　　34, 35
雪どけ傾度　　127, 129
雪どけ時期　　119
湯森山　　87, 90
ユーラシア大陸北東部　　39

葉原基　　156
要素　　4
葉面積指数　　60, 181〜183
葉緑体DNA　　7, 8
ヨツバシオガマ　　4, 18

【ラ行】
ラウンケルの生活形　　21
落葉矮生低木　　192
ラミート　　181
ラミート密度　　183, 184, 185, 186
陸続き　　13
立地環境　　67, 76, 78, 81, 82
臨界サイズ　　138
臨界の温度　　193
ルイス・モレーン　　100, 101, 109
冷湿処理　　137
レナ川流域　　41
レフュジア　　13, 18, 19
レブンシオガマ　　5
ロゼット状　　111
ロゼット植物　　34
ロッキー山脈　　146
ロライマ高地　　112

【ワ行】
矮生　　34
矮生カバノキ類(極地性の)　　41
矮生群落　　84
矮生低木(種)　　42, 118
　湿潤性——　　38
　常緑——　　192
　風衝——　　37
　落葉——　　192
矮生低木群落　　91
矮生木　　57

Index

【A】
alpine zone 41
Arabis alpina 103

【B】
Betula exilis 41
Betula nana 41

【C】
C - R - S 三角形 148
Calluna vulgaris 42
Caltha leptosepala 158
Carex koraginensis 46

【E】
Ephedraceae 24

【F】
fell-field forms 175
Festuca vivipara 153

【G】
GIS 69, 78

【H】
high arctic 163

【K】
Kalmia angustifolia 42
Kendall のタウ係数 25
Koenigia islandica 146
Krummholz 84

【L】
Krummholz limit 54

Lobelia telekii 106, 111

【M】
Mimulus primuloides 154

【O】
Oxitropis erecta 46

【P】
Pinus albicaulis 84
Pinus cembra 84, 95
Pinus sibirica 84
Poa alpigena var. *vivipara* 151
Polygonum confertiflorum 146
Polygonum douglasii 146
pseudovivipary 151

【S】
Sanionia uncinata 174
Saxifraga oppositifolia 165
Senecio keniodendron 104, 106, 111
Senecio keniophytum 102, 103
snow-bed forms 175
SSCP (single-strand conformation polymorphism) 法 9

【V】
Vacinium myrtillus 42
vivipary 151

著者紹介

植田　邦彦(うえだ　くにひこ)
　　1952年生まれ
　　1981年　京都大学大学院理学研究科博士課程修了
　　現　在　金沢大学大学院自然科学研究科教授　理学博士

沖津　　進(おきつ　すすむ)
　　1954年生まれ
　　1984年　北海道大学大学院環境科学研究科博士課程単位取得退学
　　現　在　千葉大学園芸学部教授　学術博士

梶本　卓也(かじもと　たくや)
　　1960年生まれ
　　1989年　名古屋大学大学院農学研究科博士課程単位取得退学
　　現　在　農林水産省森林総合研究所東北支所主任研究官　農学博士

木部　　剛(きべ　たけし)
　　1967年生まれ
　　1996年　総合研究大学院大学数物科学研究科博士課程修了
　　現　在　静岡大学理学部助手　博士(理学)

工藤　　岳(くどう　がく)
　　別　記

久米　　篤(くめ　あつし)
　　1966年生まれ
　　1996年　早稲田大学大学院理工学研究科博士課程修了
　　現　在　九州大学大学院農学研究院助手　博士(理学)

鈴木　静男(すずき　しずお)
　　1969年生まれ
　　1999年　北海道大学大学院地球環境科学研究科博士課程修了
　　現　在　財団法人環境科学技術研究所　博士(地球環境科学)

高橋　英樹(たかはし　ひでき)
　　1953年生まれ
　　1981年　東北大学大学院理学研究科博士課程修了
　　現　在　北海道大学総合博物館教授　理学博士

西谷　里美(にしたに　さとみ)
　　1960年生まれ
　　1990年　東京都立大学大学院理学研究科博士課程単位取得退学
　　現　在　日本医科大学講師　博士(理学)

藤井　紀行（ふじい　のりゆき）
　　1968年生まれ
　　1997年　金沢大学大学院自然科学研究科博士課程修了
　　現　在　東京都立大学大学院理学研究科牧野標本館助手　博士（理学）

丸田恵美子（まるた　えみこ）
　　1950年生まれ
　　1977年　東京大学大学院理学系研究科博士課程単位取得退学
　　現　在　東邦大学理学部助教授　理学博士

水野　一晴（みずの　かずはる）
　　1958年生まれ
　　1990年　東京都立大学大学院理学研究科博士課程修了
　　現　在　京都大学大学院アジア・アフリカ地域研究研究科助教授　理学博士

森広　信子（もりひろ　のぶこ）
　　1955年生まれ
　　1992年　東京農工大学大学院連合農学研究科博士課程単位取得退学
　　現　在　東京都高尾自然科学博物館学芸員

渡辺　悌二（わたなべ　ていじ）
　　1959年生まれ
　　1992年　カリフォルニア大学大学院地理学研究科博士課程修了
　　現　在　北海道大学大学院地球環境科学研究科助教授　Ph.D

工藤　　岳(くどう　がく)
　1962年東京に生まれる
　1991年　北海道大学大学院環境科学研究科博士課程修了
　現　在　北海道大学大学院地球環境科学研究科助教授
　　　　　博士(環境科学)
　主な著書
　　『生態学からみた北海道』・『花の自然史』(ともに分担執筆，北
　　海道大学図書刊行会)・『雪渓の生態学』(京都大学学術出版会)

高山植物の自然史——お花畑の生態学——
2000年6月25日　第1刷発行
2003年3月10日　第2刷発行

　　　　　　編著者　工藤　　岳
　　　　　　発行者　佐伯　　浩
　　────────────────────────
　　　　　発行所　北海道大学図書刊行会
　　　札幌市北区北9条西8丁目　北海道大学構内(〒060-0809)
　　　Tel. 011(747)2308・Fax. 011(736)8605・http://www.hup.gr.jp/

アイワード　　　　　　　　　　　　　　© 2000　工藤　岳

ISBN4-8329-9861-7

写真集 北海道の湿原	辻井達一 著 岡田 操	B 4変・252頁 価格18000円
北海道の湿原と植物	辻井達一 橘ヒサ子 編著	四六・266頁 価格2800円
新版 北海道の花［増補版］	鮫島惇一郎 辻井 達一 著 梅沢 俊	四六・376頁 価格2600円
新版 北海道の樹	辻井 達一 梅沢 俊 著 佐藤 孝夫	四六・320頁 価格2400円
札幌の植物 ―目録と分布表―	原 松次 編著	B 5・170頁 価格3800円
普及版 北海道主要樹木図譜	宮部 金吾 著 工藤 祐舜 須崎 忠助 画	B 5・188頁 価格4800円
花の自然史 ―美しさの進化学―	大原 雅 編著	A 5・278頁 価格3000円
栽培植物の自然史 ―野生植物と人類の共進化―	山口裕文 島本義也 編著	A 5・256頁 価格3000円
雑草の自然史 ―たくましさの生態学―	山口裕文 編著	A 5・248頁 価格3000円
植物の自然史 ―多様性の進化学―	岡田 博 植田邦彦 編著 角野康郎	A 5・280頁 価格3000円
土の自然史 ―食料・生命・環境―	佐久間敏雄 梅田安治 編著	A 5・256頁 価格3000円
動物の自然史 ―現代分類学の多様な展開―	馬渡峻輔 編著	A 5・288頁 価格3000円
魚の自然史 ―水中の進化学―	松浦啓一 宮 正樹 編著	A 5・248頁 価格3000円
ギフチョウ	渡辺康之 編著	A 4・280頁 価格20000円
ウスバキチョウ	渡辺 康之 著	A 4・188頁 価格15000円
虫たちの越冬戦略 ―昆虫はどうやって寒さに耐えるか―	朝比奈英三 著	四六・198頁 価格1800円

――――――北海道大学図書刊行会――――――

価格は税別